Klaus Loth

Arbeitsblätter

Bakterien, Pilze, Viren und Parasiten

Arbeitsblätter Biologie

Ernst Klett Schulbuchverlag
Stuttgart Düsseldorf Berlin Leipzig

Inhalt

„**Arbeitsblätter Biologie**" ist eine Reihe von klar strukturierten, abwechslungsreich aufbereiteten Materialien, die im Unterricht aller Schularten sehr vielseitig einsetzbar sind. Jeder Band präsentiert ein in sich geschlossenes Thema der modernen Schulbiologie. Der Lehrer erhält eine solide, praxisnahe Grundlage für die Vorbereitung und Durchführung eines motivierenden Unterrichts.

Bisher erschienene Bände:

Arbeitsblätter Säugetiere (Klett-Nr. 03094)

Arbeitsblätter Vögel (Klett-Nr. 03091)

Arbeitsblätter Fische – Lurche – Kriechtiere (Klett-Nr. 03093)

Arbeitsblätter Insekten (Klett-Nr. 03092)

Arbeitsblätter Blütenpflanzen (Klett-Nr. 03095)

Arbeitsblätter Menschenkunde I (Klett-Nr. 03097)

Arbeitsblätter Menschenkunde II (Klett-Nr. 03098)

Arbeitsblätter Suchtvorbeugung (Klett-Nr. 03096)

Arbeitsblätter Einzeller und Wirbellose (Klett-Nr. 03099)

Arbeitsblätter Zellbiologie (Klett-Nr. 03103)

Arbeitsblätter Umweltschutz (Klett-Nr. 03101)

Weitere Bände in Vorbereitung

Titeldarstellung: Stele zeigt den Priester Rama ca. 1500 v. Chr. Der Priester zeigt mit seinem verkümmerten Bein (Spitzfuß) deutlich eine überstandene Kinderlähmung. Erste Darstellung eines Poliomyelitisfalles aus der 18. ägyptischen Dynastie. Ny Carlsberg Glyptothek, Kopenhagen.

Fotos: S. 68/69, S. 70/71 Deutsches Museum, München; S. 84/85 Focus (Science Photo Library), Hamburg, S. 106/107 oben Mauritius (Hubatka), Stuttgart, S. 106/107 unten Mauritius (Poehlmann), Stuttgart, S. 108/109 oben Stele, Ny Carlsberg Glyptothek, Kopenhagen, S. 108/109 unten Transglobe Agency, Hamburg.

Grafikvorlagen: S. 18/19 Bundeszentrale für gesundheitliche Aufklärung, Köln; S. 52/53 Verlag der chemischen Industrie, Frankfurt; S. 79 Brauerei-Bund e.V., Bonn; S. 95–99 Bundeszentrale für gesundheitliche Aufklärung, Köln; S. 100/101 Ruebrich Grafik, Lichtenau.

Wichtiger Hinweis: Die Arbeitsvorschriften und Versuchsanleitungen in diesem Heft wurden mit großer Sorgfalt zusammengestellt. Gerade im Umgang mit Mikroorganismen ist äußerste Vorsicht geboten. Der Verlag macht darauf aufmerksam, daß er keine Haftung übernimmt für Folgen, die auf fehlerhafte Angaben zurückzuführen sind. Die z.T. länderspezifischen Regelungen und Vorschriften zum Umgang mit und zur Entsorgung von Mikroorganismen sind in jedem Fall zu beachten.

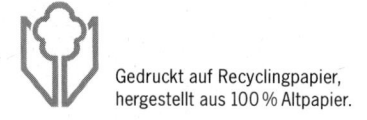

Gedruckt auf Recyclingpapier, hergestellt aus 100 % Altpapier.

1. Auflage 1 5 4 3 2 1 | 1999 98 97 96 95

Alle Drucke dieser Auflage können im Unterricht nebeneinander benutzt werden, sie sind untereinander unverändert. Die letzte Zahl bezeichnet das Jahr dieses Druckes.
© Ernst Klett Schulbuchverlag GmbH, Stuttgart 1995
Alle Rechte vorbehalten.

Satz und Grafik: Hess Sales Promotions, Idstein
(P. Bandur, J. Freihold)
Druck: Gutmann, Heilbronn

ISBN 3-12-031020-4

Autor:
Klaus Loth
Gymnasium der Gemeinde Neunkirchen, Neunkirchen

Inhaltsverzeichnis

Zum Aufbau und zum Einsatz der Arbeitsblätter
im Unterricht 4

BAKTERIEN

Bakterien – Form und Bau 6
Bakterien sind besondere Einzeller 8
Wir züchten Bakterien 10
Weltmeister der Vermehrung 12
Bakteriensteckbriefe I 14
Bakteriensteckbriefe II 16
Salmonellen & Co. 18
Bakterienlexikon 19
Rätselhafte Bakterien 20
Wettlauf mit der Zeit – Ereignisse 22
Wettlauf mit der Zeit – Spielhütchen 23
Wettlauf mit der Zeit – Spielplan 24
Immunisierung 28
Applikationen von Arzneimitteln 30
Der Körper wehrt sich 32
Salmonellen allgegenwärtig 34
Tripper/Gonorrhö bei der Frau 36
Tripper/Gonorrhö beim Mann 38
Infektionsmöglichkeiten 40
Tetanus – Wundstarrkrampf 42
Pest – Der Schwarze Tod 44
Gentechnik und Arzneimittel 46
Wie man Essig herstellt 48
Schlangenseren 50
Isolierung einer Reinkultur 52
Biotechnik: Großfermenter 54
Abwasserreinigung 56
Mikroorganismen und
biotechnologische Produkte 58
„Schädlings"bekämpfung I 60
„Schädlings"bekämpfung II 62
Bakterien sind vielseitig 64
Neue Spezialisten 65
Reduzenten in ihrer Umwelt 66
Pioniere – Robert Koch 68

PILZE

Ein Zögern macht Weltgeschichte 70
Antibiotikum – Heilmittel 72
Wir backen Brot 74
Experimente mit Hefe 76
Alkoholfreies Bier 78
Bierherstellung 79
Faszination Schimmel 80
Das Mutterkorn – ein Parasit 82
Mykosen auf dem Vormarsch 84
Nicht Tier – nicht Pflanze 86

VIREN

Viren – Aufbau, Formen, Größe 88
Masern – eine einmalige Sache? 90
Viren greifen an 92
Bakteriophagen – Vermehrung 94
Schnupfen und AIDS –
Ein Vergleich der Abwehr I 95
Schnupfeninfektion 96
HIV-Infektion 97
Schnupfen und AIDS –
Ein Vergleich der Abwehr II 98
Bildsymbole zur AIDS-Information 100
Pest und Pocken – Tod und Teufel 102
Rasende Wut – Tollwut 104
Geschlechtsspezifische Viren? 106
Kinderlähmung ist bitter ... 108
Warzen und Hühneraugen 110

PARASITEN

Parasitäre Lebensformen 112
Harmlose Blutsauger ? 114
Blutsaugende Holzböcke 116
Malaria 118
Großer Leberegel I 120
Großer Leberegel II 122
Parasitenquartett (1–4) 124
Lernhilfe – Themenkartei 128

Zum Aufbau und zum Einsatz der Arbeitsblätter im Unterricht

Die Vorbereitung des naturwissenschaftlichen Unterrichts ist für Lehrerinnen und Lehrer häufig sehr zeitaufwendig. Wie viele Stunden verbringt er/sie nicht mit der Suche nach geeigneten Materialien! Für Didaktikerinnen und Didaktiker ist zwar das Realobjekt das zentrale Arbeitsmittel; Praktiker/innen wissen jedoch, daß gut strukturierte Medien im Lernprozeß unverzichtbar sind und die Begegnung mit dem Original ergänzen müssen.

Hier sollen die „Arbeitsblätter" eine Hilfe sein. Sie bieten eine Fülle an Rohmaterial, das nach eigenen Vorstellungen genutzt und im Unterricht verwendet werden kann. Bei der Durchsicht dieses Materials werden interessierte Kolleginnen und Kollegen schnell erkennen, daß die Arbeitsblätter
- klar strukturiert,
- abwechslungsreich aufbereitet,
- richtlinien-, schulform- und schulstufenunabhängig,
- nicht an ein bestimmtes Unterrichtswerk gebunden und vor allem
- methodisch vielseitig einsetzbar sind.

Der übersichtliche Aufbau der Arbeitsblätter erleichtert die Benutzung: Auf der rechten Seite befindet sich in der Regel die Kopiervorlage; ihr gegenüber ist eine mögliche Musterlösung angegeben, die manchmal durch weiterführende Hinweise oder zusätzliches Material ergänzt wird. In einigen Fällen liegt ein geschlossener Text vor, der unabhängig und eigenständig und nicht nur als Lösung eingesetzt werden kann. Um die Arbeitsblätter optimal zu nutzen und um sie methodisch variabel einsetzen zu können, sollten sich Lehrer/innen von diesen Kopiervorlagen bzw. von einzelnen Teilen auch Folien für den Overhead-Projektor anfertigen.

Im formalen Aufbau werden alle sinnvollen Möglichkeiten eines Arbeitsblattes genutzt: Aufträge mit Beobachtungsaufgaben wechseln mit anatomischen Übungen, Präparationsanleitungen, Spielvorschlägen, Rätseln, Geschichten und Bastelhinweisen ab. Oberstes Prinzip ist dabei, die Eigentätigkeit der Schülerinnen und Schüler anzuregen. Das Arbeitsblatt hat also kaum illustrierenden Charakter, es soll vielmehr als zentraler Bestandteil der Erarbeitung im Unterricht verstanden werden.

Inhaltlich decken die Arbeitsblätter alle schulrelevanten Aspekte ab, die für den Unterricht über Mikroorganismen und Parasiten in Frage kommen.

Die Kopiervorlagen sind nach den Kriterien der biologischen Systematik zusammengestellt
- Bakterien
- Pilze
- Viren
- Parasiten.

Innerhalb der Gruppen werden die verschiedensten Gesichtspunkte abgehandelt. Soweit möglich, finden sich systematische Aspekte, einiges zum Bau und zur natürlichen Funktion, zur Fortpflanzung, zur Rolle als Krankheitserreger, aber auch zur ggf. segensreichen Rolle innerhalb der Biotechnologie oder Gentechnik. Technologische Aspekte zu Bakterien wurden ebenfalls mit aufgenommen. Der/die Unterrichtende kann daher frei wählen zwischen wertneutralem/natürlichem Aspekt, negativ belastetem Krankheitsaspekt oder positivem Aspekt als „Nützling".

Die vorliegenden Arbeitsblätter sind insbesondere für den Einsatz in der Sekundarstufe I vorgesehen. Durch ihre klare grafische Darstellung, ihre sprachliche Gestaltung und den Einsatz von eigentlich unterrichtsunüblichen Formen (Bastelvorschläge und Rätsel) sollen besonders jüngere Schüler und Schülerinnen stark motiviert werden.

Einzelne Themen (z.B. Gentechnik bei Bakterien oder AIDS und Malaria) eignen sich aber auch für eine Verwendung in der Sekundarstufe II. Lehrerinnen und Lehrer können dann die Lösungen entsprechend der Leistungsfähigkeit der jeweiligen Lerngruppe den eigenen Zielsetzungen anpassen.

Ein weiterer Vorteil des Materials ist darin zu sehen, daß es unabhängig von einem bestimmten Lehrwerk entwickelt wurde. Die Einzelthemen sind voneinander unabhängig und untereinander austauschbar. Deshalb kann die Auswahl und Anordnung der Kopiervorlagen beliebig variiert werden.

Der für Lehrerinnen und Lehrer wichtigste Aspekt dürfte darin liegen, daß die Arbeitsblätter methodisch unterschiedlich eingesetzt werden können. Das Material ist von seiner Konzeption her so angelegt, daß es vielfältige Verwendungsmöglichkeiten zuläßt. Die methodische Freiheit der Lehrerin oder des Lehrers ist damit weitgehend gewährleistet.

Zum Aufbau und zum Einsatz der Arbeitsblätter im Unterricht

Um das zu erläutern, seien einige Stichwörter angeführt:

Der Einsatz kann erfolgen
- unterrichtsvorbereitend,
- unterrichtsbegleitend oder
- nachbereitend.

Die Funktion des Materials kann liegen in der
- Vermittlung von Information,
- Bearbeitung einer bestimmten Problemfrage,
- Ergebnissicherung und Zusammenfassung,
- Festigung und Wiederholung,
- Übung und Anwendung,
- Lernerfolgskontrolle oder
- Anleitung zum naturwissenschaftlichen Arbeiten.

Es lassen sich neben den kognitiven Lernzielen auch pragmatische und fachmethodische Ziele erreichen. Die Schülerinnen und Schüler üben das
- Betrachten und Beschreiben,
- Beobachten und Vergleichen,
- Vermuten und Hypothesen-Aufstellen,
- Untersuchen und Experimentieren.

Schließlich lassen sich die Arbeitsblätter in verschiedenen Interaktions- bzw. Sozialformen des Unterrichts einsetzen. Sie ermöglichen im Zusammenhang mit der entsprechenden Folie
- Vorträge,
- fragend-entwickelndes Verfahren,
- angeleitetes bzw. selbständiges Erarbeiten.

Das kann geschehen im
- Klassenunterricht (frontal) bzw. als
- Gruppenarbeit,
- Zweier- oder
- Einzelarbeit.

Da durch die Form der Arbeitsblätter in den meisten Fällen keine der genannten unterrichtsdidaktischen bzw. methodischen Einsatzmöglichkeiten vorweggenommen sind, können Lehrerinnen und Lehrer das Material ganz entsprechend ihren Vorstellungen und in Abhängigkeit von den besonderen Bedingungen der Schule und der Klasse verwenden. Ein Beispiel dazu: So zwingt die Anleitung zur Herstellung eines Bakterienprodukts (z.B. Essig oder Sauermilchprodukte) keineswegs zur Durchführung des Versuchs, da die Texte so gestaltet wurden, daß mit ihrer Hilfe auch die theoretischen Grundlagen erarbeitet werden können.

Die Arbeitsblätter sollen andere geeignete Arbeitsmittel, z.B. einen Film oder entsprechende Dias, in der Motivations- bzw. Erarbeitungsphase nicht ersetzen. Sie können diese in günstiger Weise ergänzen. Falls aber, wie leider viel zu oft, Filme und Diareihen nicht oder nicht rechtzeitig zur Verfügung stehen, erlauben die Arbeitsblätter dennoch einen informativen, methodisch abwechslungsreichen und effektiven Unterricht. Damit sind die Arbeitsblätter ein attraktives Angebot an Lehrerinnen und Lehrer; sie sind ein vielfältig nutzbarer „Steinbruch" zur Erleichterung und Optimierung des Unterrichts.

Beim Durchblättern wird auffallen, daß der Schwerpunkt bei den Bakterien liegt, denn nur hier kann, das Niveau der Sekundarstufe I berücksichtigend, auf Biotechnologie, Gentechnik und ihre Anwendung verständlich eingegangen werden.

Zu Immunisierungsmechanismen und zu AIDS finden sich weitere Vorlagen in den Arbeitsblättern Menschenkunde I (KLETT-Nr. 3097); zu Parasiten und Einzellern finden sich viele weitere Vorlagen in den Arbeitsblättern Einzeller und Wirbellose (KLETT-Nr. 3099) und systematische Aspekte der Einzeller und Wirbellosen lassen sich genauer mit den Handblättern Biologie erarbeiten (Systematik Wirbellose, KLETT-Nr. 4211).

Bakterien, Form und Bau

Information:
Die ersten Bakterien wurden 1683 von LEEUWENHOEK entdeckt. Die größten Formen (7 µm*) lassen sich mit dem Lichtmikroskop gerade noch erkennen. Für die kleinsten Formen (0,2 µm) benötigt man ein Elektronenmikroskop. Nur mit seiner Hilfe ist ein Erkennen des Feinbaus einer Bakterienzelle möglich. Eine erste grobe Einteilung wird nach der Form der Bakterien vorgenommen.

1. Benenne die Bakteriengruppen.

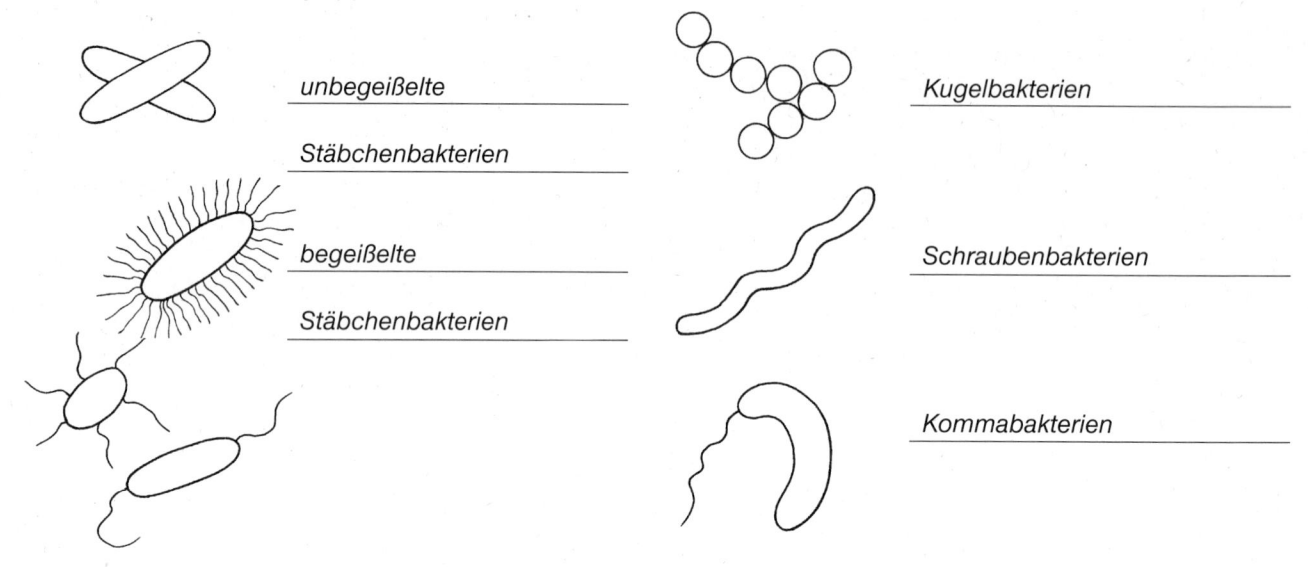

   unbegeißelte Stäbchenbakterien

   Kugelbakterien

   begeißelte Stäbchenbakterien

   Schraubenbakterien

   Kommabakterien

2. Beschrifte die Abbildung eines Bakteriums mit Hilfe deines Buches.

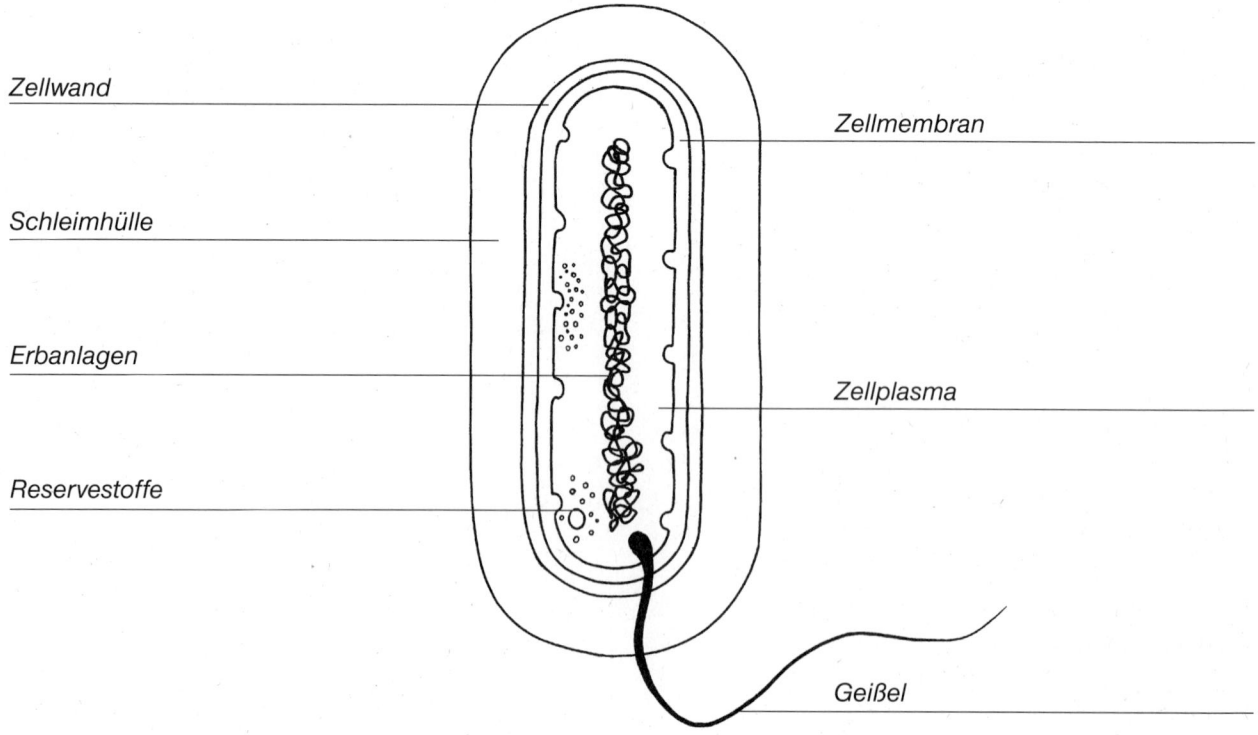

   Zellwand

   Schleimhülle

   Erbanlagen

   Reservestoffe

   Zellmembran

   Zellplasma

   Geißel

* $1\ \mu m = 10^{-6}\ m = 10^{-3}\ mm = 10^{3}\ nm$

Bakterien, Form und Bau

Information:
Die ersten Bakterien wurden 1683 von LEEUWENHOEK entdeckt. Die größten Formen (7 μm*) lassen sich mit dem Lichtmikroskop gerade noch erkennen. Für die kleinsten Formen (0,2 μm) benötigt man ein Elektronenmikroskop. Nur mit seiner Hilfe ist ein Erkennen des Feinbaus einer Bakterienzelle möglich. Eine erste grobe Einteilung wird nach der Form der Bakterien vorgenommen.

1. Benenne die Bakteriengruppen.

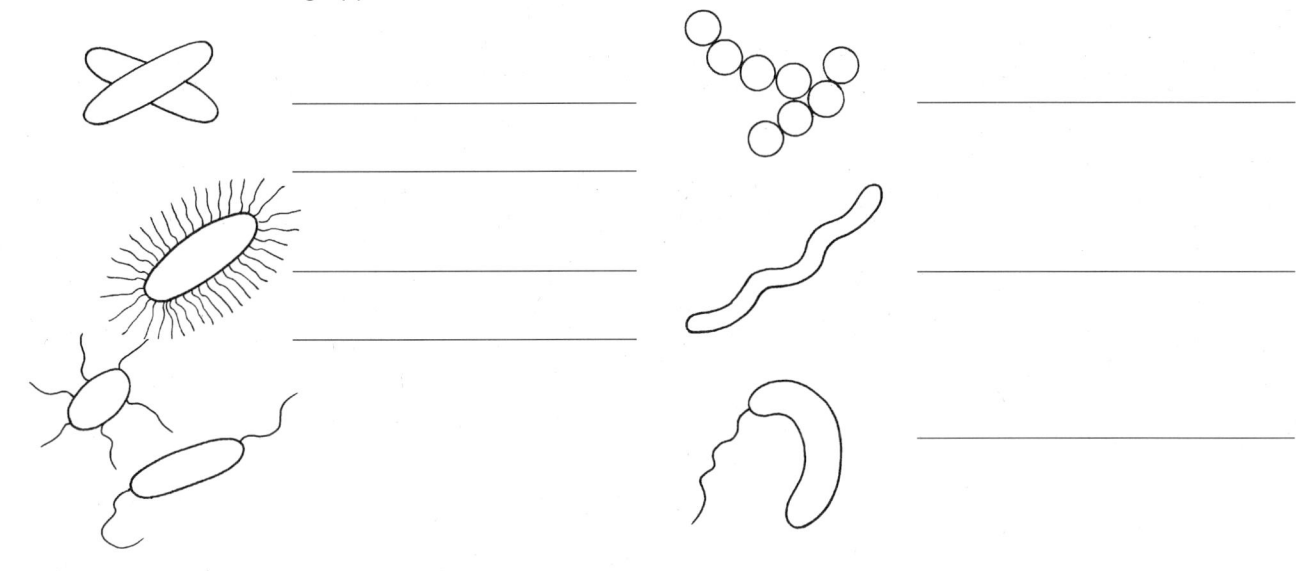

2. Beschrifte die Abbildung eines Bakteriums mit Hilfe deines Buches.

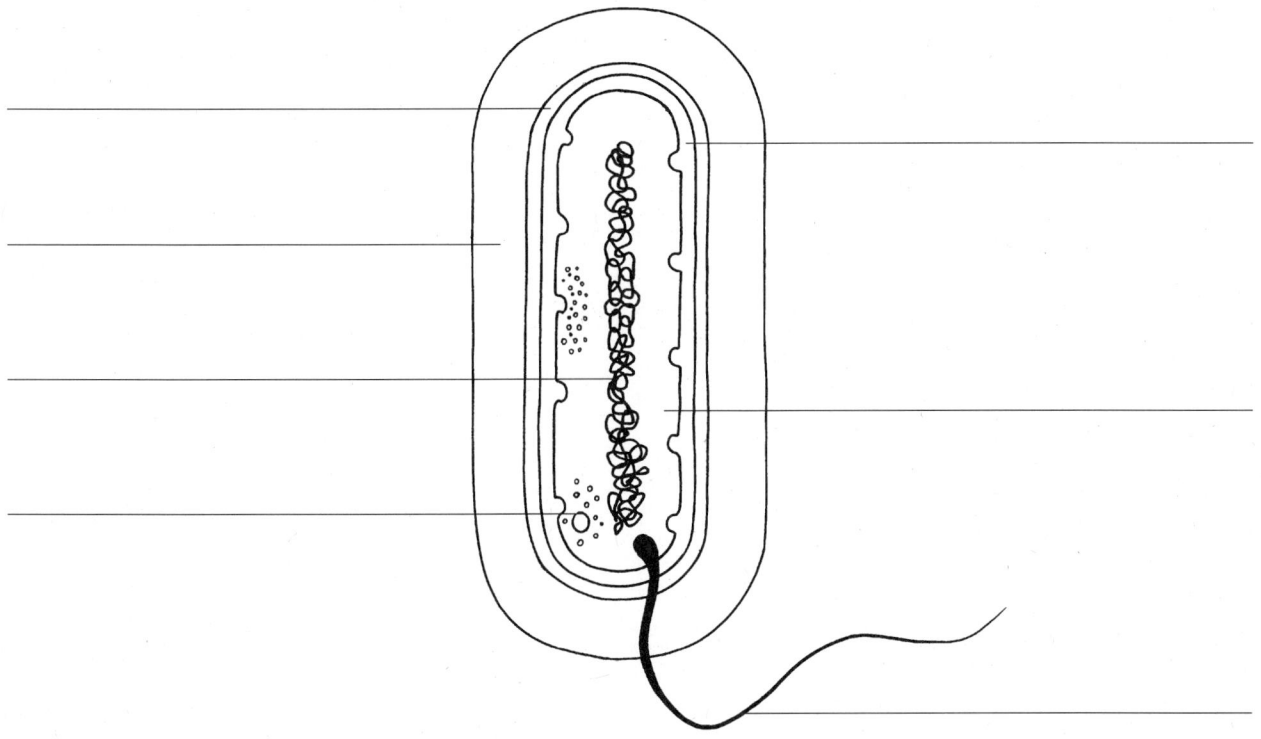

* 1 μm = 10^{-6} m = 10^{-3} mm = 10^{3} nm

Arbeitsblätter Biologie: Bakterien, Pilze, Viren und Parasiten

Bakterien sind besondere Einzeller

1. Vergleiche den pflanzlichen Einzeller Euglena mit dem abgebildeten Bakterium und beschrifte die Skizzen.
2. Unterstreiche gemeinsame Strukturen.

Euglena

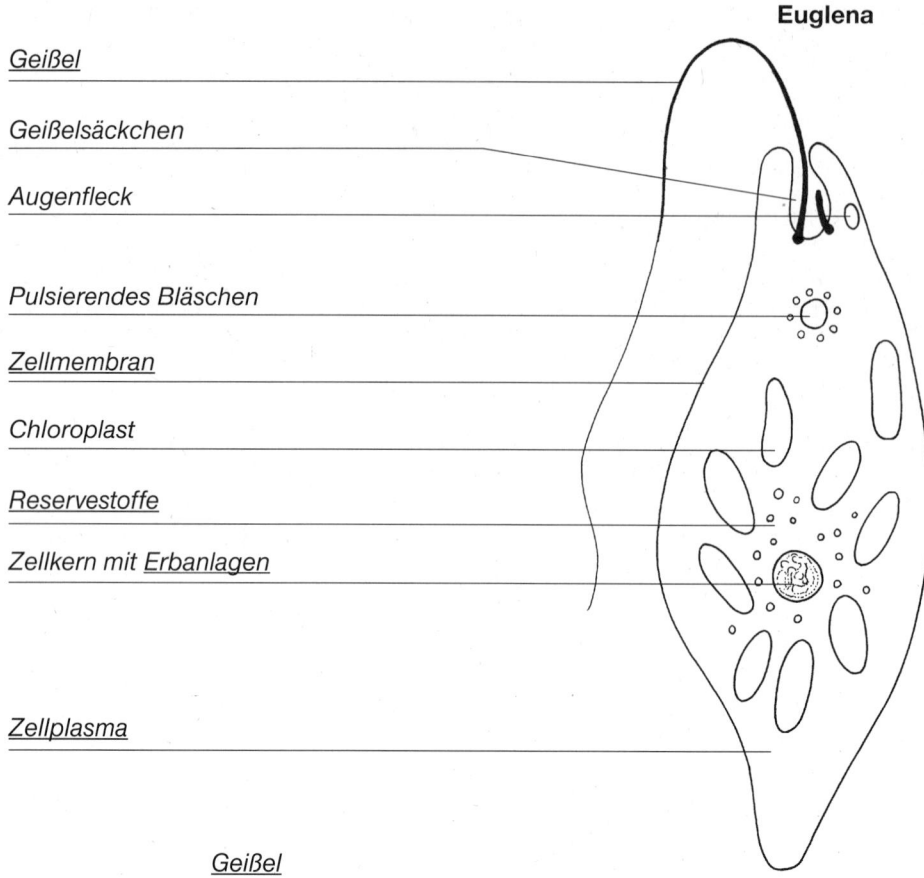

- *Geißel*
- Geißelsäckchen
- Augenfleck
- Pulsierendes Bläschen
- *Zellmembran*
- Chloroplast
- *Reservestoffe*
- Zellkern mit *Erbanlagen*
- *Zellplasma*

Bakterium

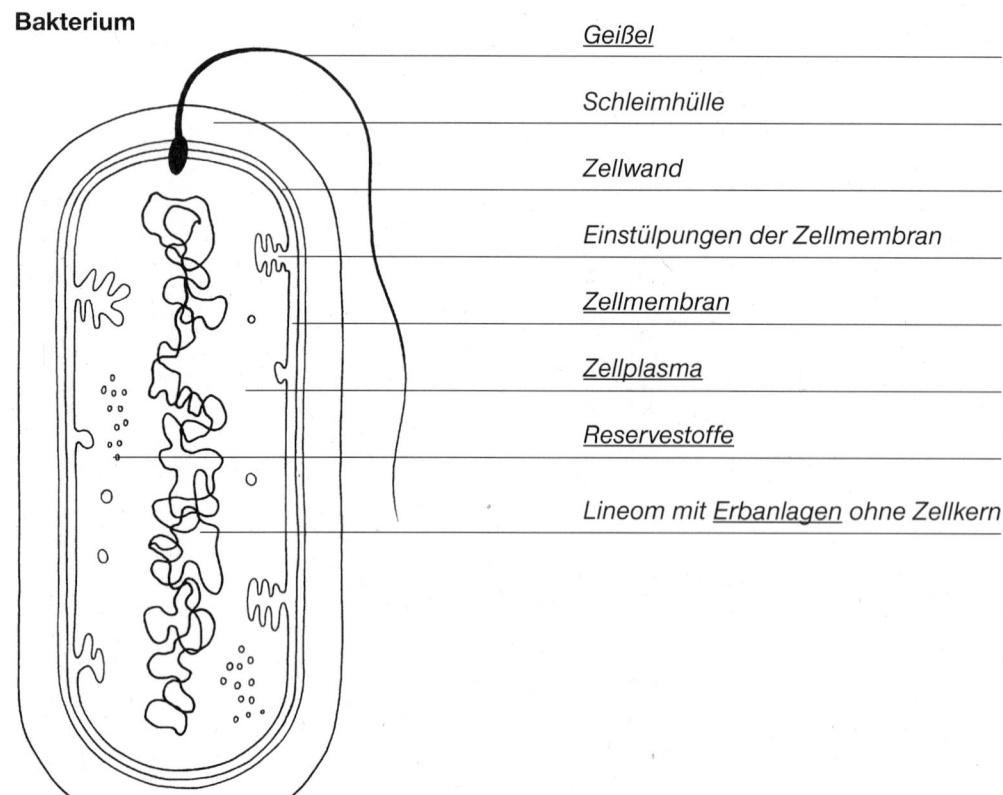

- *Geißel*
- Schleimhülle
- Zellwand
- Einstülpungen der Zellmembran
- *Zellmembran*
- *Zellplasma*
- *Reservestoffe*
- Lineom mit *Erbanlagen* ohne Zellkern

Arbeitsblätter Biologie: Bakterien, Pilze, Viren und Parasiten — Klett
© Ernst Klett Schulbuchverlag GmbH, Stuttgart 1995
ISBN 3-12-031020-4
Von diesen Vorlagen ist die Vervielfältigung für den eigenen Unterrichtsgebrauch gestattet. Die Kopiergebühren sind abgegolten.

Bakterien sind besondere Einzeller

1. Vergleiche den pflanzlichen Einzeller Euglena mit dem abgebildeten Bakterium und beschrifte die Skizzen.

2. Unterstreiche gemeinsame Strukturen.

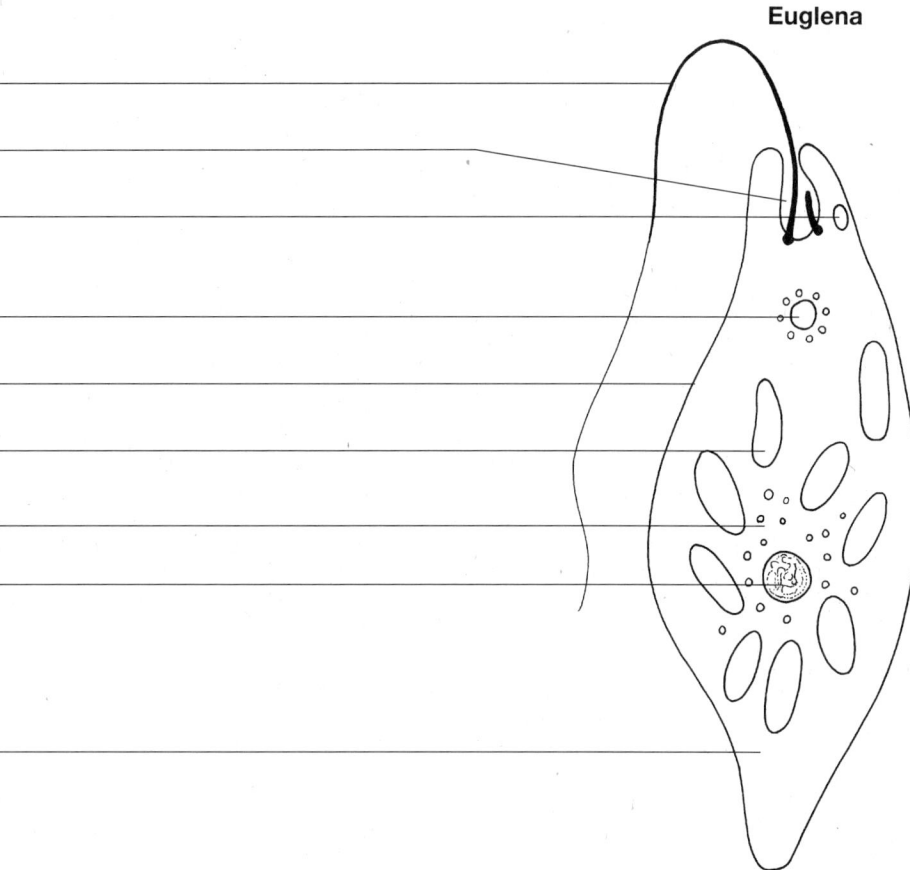

Euglena

Bakterium

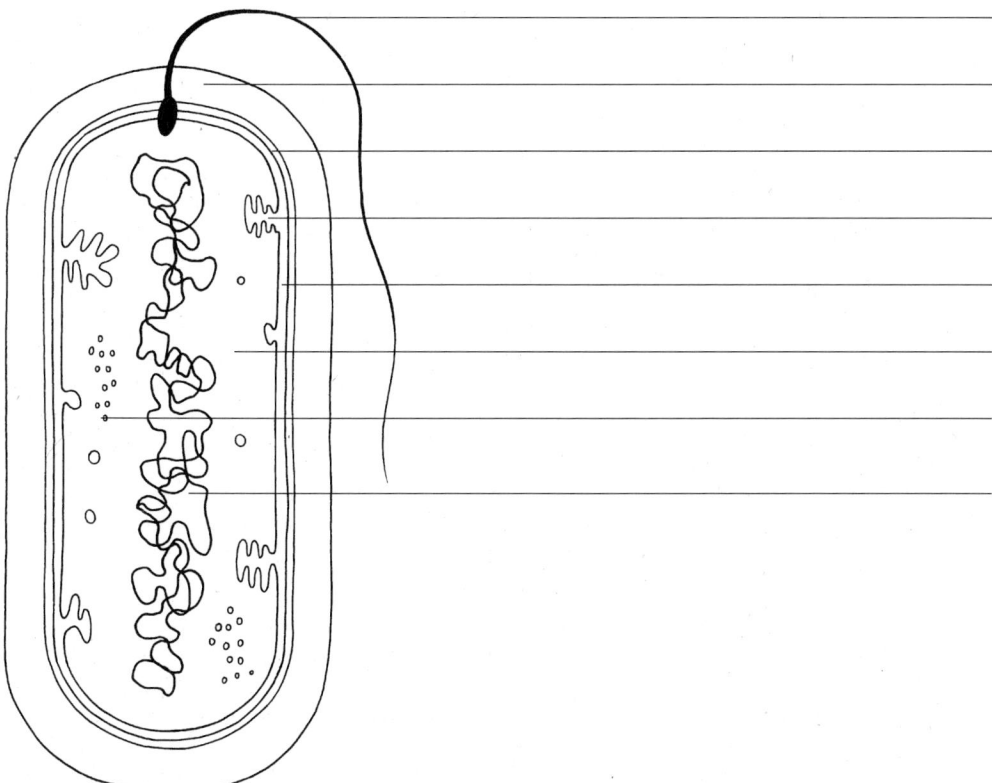

Arbeitsblätter Biologie: Bakterien, Pilze, Viren und Parasiten

Klett

© Ernst Klett Schulbuchverlag GmbH, Stuttgart 1995
ISBN 3-12-031020-4
Von diesen Vorlagen ist die Vervielfältigung für den eigenen Unterrichtsgebrauch gestattet. Die Kopiergebühren sind abgegolten.

Wir züchten Bakterien

1. Bringe die abgebildeten Arbeitsschritte in die richtige Reihenfolge.

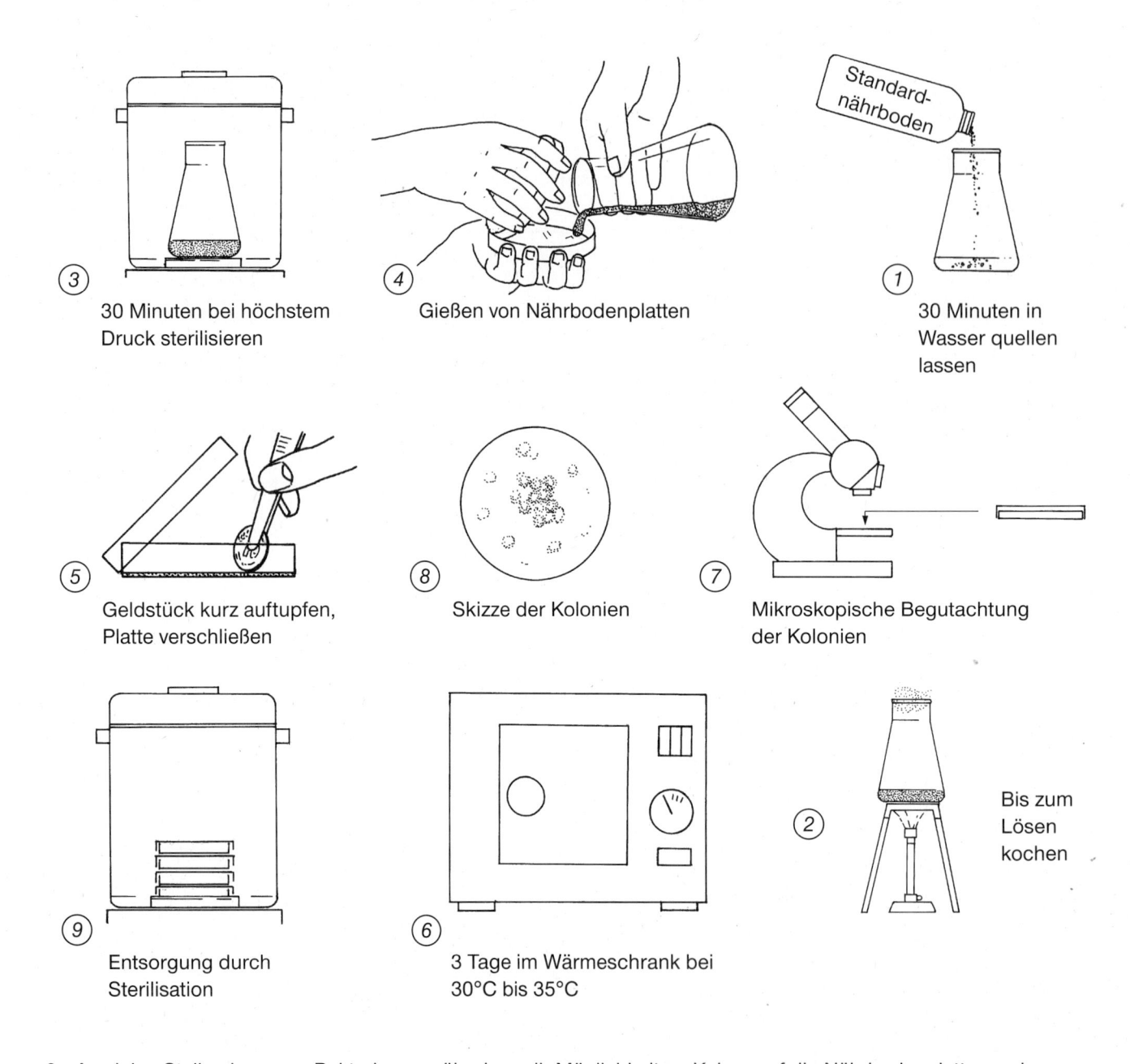

   ③ 30 Minuten bei höchstem Druck sterilisieren

   ④ Gießen von Nährbodenplatten

   ① 30 Minuten in Wasser quellen lassen

   ⑤ Geldstück kurz auftupfen, Platte verschließen

   ⑧ Skizze der Kolonien

   ⑦ Mikroskopische Begutachtung der Kolonien

   ⑨ Entsorgung durch Sterilisation

   ⑥ 3 Tage im Wärmeschrank bei 30°C bis 35°C

   ② Bis zum Lösen kochen

2. An vielen Stellen kommen Bakterien vor, überlege dir Möglichkeiten, Keime auf die Nährbodenplatten zu bekommen. Die Oberfläche der Platten darf dabei nicht beschädigt werden. (Toiletten solltest du wegen der evtl. Vermehrung von Krankheitserregern meiden!)

   Platte 15 Minuten offen stehen lassen; Platte anhusten; Geldstücke mit Pinzette vorsichtig auftupfen;

   Fingerabdrücke gewaschener und ungewaschener Hände;

   Wenige, verteilte Tropfen Flüssigkeit, z.B. Pfützen- oder Teichwasser;

   Abrieb von festen Oberflächen mit sauberem Lappen und vorsichtigem Auftupfen.

Arbeitsblätter Biologie: Bakterien, Pilze, Viren und Parasiten **Klett**

Wir züchten Bakterien 11

1. Bringe die abgebildeten Arbeitsschritte in die richtige Reihenfolge.

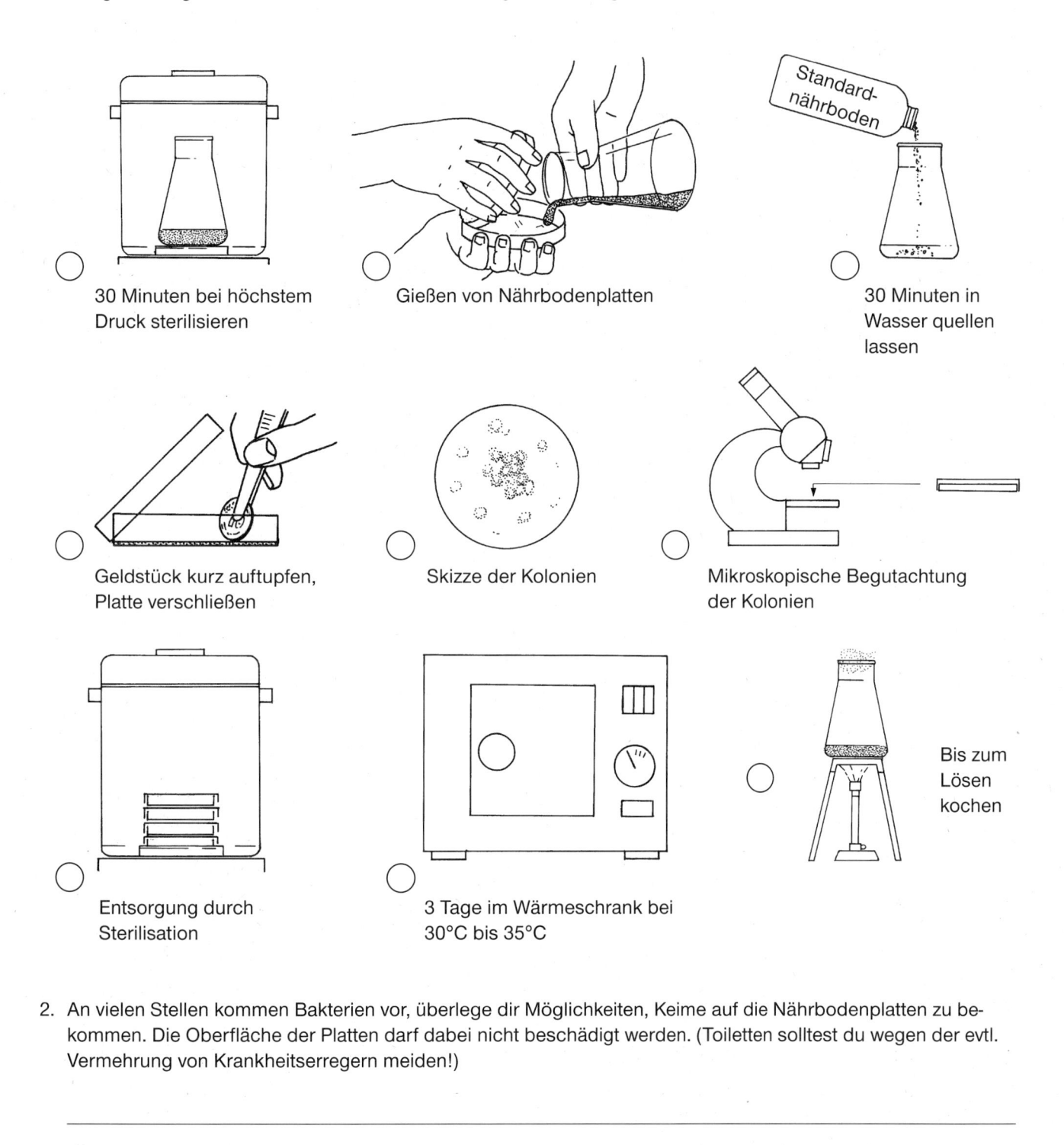

○ 30 Minuten bei höchstem Druck sterilisieren

○ Gießen von Nährbodenplatten

○ 30 Minuten in Wasser quellen lassen

○ Geldstück kurz auftupfen, Platte verschließen

○ Skizze der Kolonien

○ Mikroskopische Begutachtung der Kolonien

○ Entsorgung durch Sterilisation

○ 3 Tage im Wärmeschrank bei 30°C bis 35°C

○ Bis zum Lösen kochen

2. An vielen Stellen kommen Bakterien vor, überlege dir Möglichkeiten, Keime auf die Nährbodenplatten zu bekommen. Die Oberfläche der Platten darf dabei nicht beschädigt werden. (Toiletten solltest du wegen der evtl. Vermehrung von Krankheitserregern meiden!)

_____

_____

_____

_____

Arbeitsblätter Biologie: Bakterien, Pilze, Viren und Parasiten **Klett**

© Ernst Klett Schulbuchverlag GmbH, Stuttgart 1995 ISBN 3-12-031020-4
Von diesen Vorlagen ist die Vervielfältigung für den eigenen Unterrichtsgebrauch gestattet. Die Kopiergebühren sind abgegolten.

Weltmeister der Vermehrung

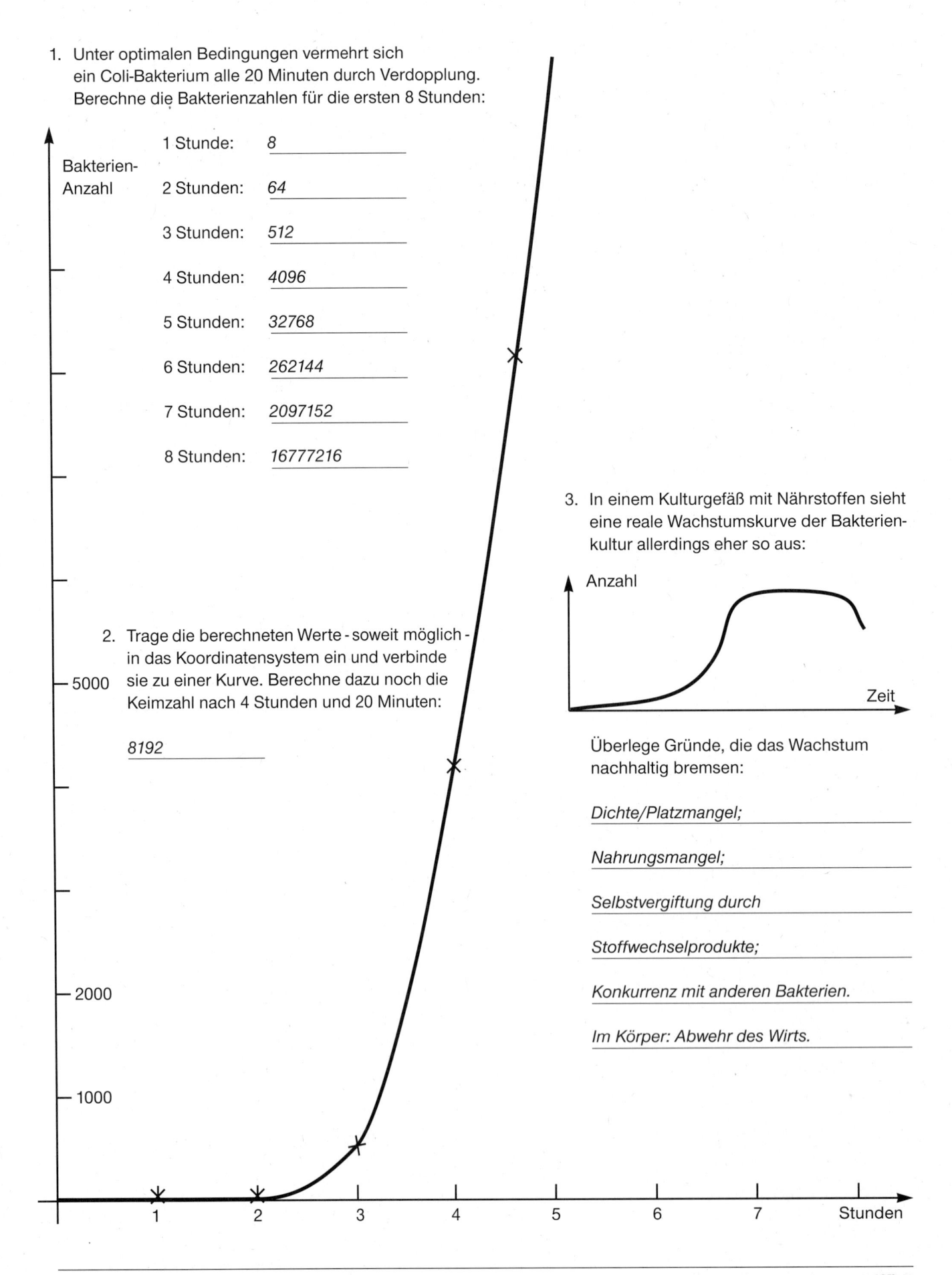

1. Unter optimalen Bedingungen vermehrt sich ein Coli-Bakterium alle 20 Minuten durch Verdopplung. Berechne die Bakterienzahlen für die ersten 8 Stunden:

   Bakterien-Anzahl

   1 Stunde: *8*

   2 Stunden: *64*

   3 Stunden: *512*

   4 Stunden: *4096*

   5 Stunden: *32768*

   6 Stunden: *262144*

   7 Stunden: *2097152*

   8 Stunden: *16777216*

2. Trage die berechneten Werte - soweit möglich - in das Koordinatensystem ein und verbinde sie zu einer Kurve. Berechne dazu noch die Keimzahl nach 4 Stunden und 20 Minuten:

   8192

3. In einem Kulturgefäß mit Nährstoffen sieht eine reale Wachstumskurve der Bakterienkultur allerdings eher so aus:

   Überlege Gründe, die das Wachstum nachhaltig bremsen:

   Dichte/Platzmangel;

   Nahrungsmangel;

   Selbstvergiftung durch

   Stoffwechselprodukte;

   Konkurrenz mit anderen Bakterien.

   Im Körper: Abwehr des Wirts.

Weltmeister der Vermehrung

1. Unter optimalen Bedingungen vermehrt sich ein Coli-Bakterium alle 20 Minuten durch Verdopplung. Berechne die Bakterienzahlen für die ersten 8 Stunden:

   1 Stunde: _____

   2 Stunden: _____

   3 Stunden: _____

   4 Stunden: _____

   5 Stunden: _____

   6 Stunden: _____

   7 Stunden: _____

   8 Stunden: _____

2. Trage die berechneten Werte - soweit möglich - in das Koordinatensystem ein und verbinde sie zu einer Kurve. Berechne dazu noch die Keimzahl nach 4 Stunden und 20 Minuten:

   _____

3. In einem Kulturgefäß mit Nährstoffen sieht eine reale Wachstumskurve der Bakterienkultur allerdings eher so aus:

   Überlege Gründe, die das Wachstum nachhaltig bremsen:

   _____

   _____

   _____

   _____

   _____

   _____

Arbeitsblätter Biologie: Bakterien, Pilze, Viren und Parasiten

Bakteriensteckbriefe I

Steckbrief

Gesucht werden wegen vorsätzlicher Körperverletzung die folgenden Keime. Vor dem Umgang mit ihnen wird dringend gewarnt. Für einen erfolgreichen Abschluß der Suche müssen die Steckbriefe noch vollständig ergänzt werden. Dein Biologiebuch oder Gesundheitslexika helfen dir sicher weiter!

Erreger Vibrio cholerae
Krankheit Cholera

Infektion *Verunreinigtes Wasser, Lebensmittel*

Symptome Verlauf Starke Durchfälle, hoher Wasserverlust, unbehandelt 70% letal, durch Ferntourismus wieder relevant.
Bester Schutz: Schäl es, koch es, brat es oder laß es!

Besonderheiten 1883 von ROBERT KOCH entdeckt

Erreger Diphtheriebakterium
Krankheit Diphtherie (Rachenbräune)

Infektion Tröpfchen

Symptome Verlauf *Rachenrötung und -schwellung (Erstickungsgefahr) Fieber, Herzmuskelschäden und Nervenlähmung durch Bakteriengifte*

Besonderheiten Impfung mit Heilserum oder Antibiotika

Erreger *Mycobacterium leprae*
Krankheit Lepra „Aussatz"

Infektion Schmutz- und Schmierinfektion Ansteckung recht gering

Symptome Verlauf Verbreitet in Afrika und Asien, Haut- und Nervenbefall, grausame Entstellungen und Empfindlichkeitsverlust, Fieberschübe, Verlust von Gliedern

Besonderheiten Inkubation 1 bis 30 Jahre
Isolation: „Leprosorien"

Erreger Escherichia coli u.a.
Krankheit Diarrhoe (Durchfall) „Montezumas Rache"

Infektion Infiziertes Trinkwasser oder Nahrungsmittel

Symptome Verlauf *Bauchkrämpfe, extremer wäßriger Durchfall, hoher Flüssigkeits- und Salzverlust*

Besonderheiten Keimzahl- und Artbestimmung durch Gesundheitsämter

---

Vor den meisten Keimen ist eine übermäßige Angst unbegründet, da ausreichende, vorsorgliche Schutzimpfungen möglich sind, im akuten Fall häufig Heilseren gegeben werden können und Antibiotika das Übrige tun.

Arbeitsblätter Biologie: Bakterien, Pilze, Viren und Parasiten

Bakteriensteckbriefe I

Steckbrief

Gesucht werden wegen vorsätzlicher Körperverletzung die folgenden Keime. Vor dem Umgang mit ihnen wird dringend gewarnt. Für einen erfolgreichen Abschluß der Suche müssen die Steckbriefe noch vollständig ergänzt werden. Dein Biologiebuch oder Gesundheitslexika helfen dir sicher weiter!

Erreger Erreger Vibrio cholerae
Krankheit Cholera

Infektion _____

Symptome / Verlauf Starke Durchfälle, hoher Wasserverlust, unbehandelt 70% letal, durch Ferntourismus wieder relevant.
Bester Schutz: Schäl es, koch es, brat es oder laß es!

Besonderheiten 1883 von ROBERT KOCH entdeckt

Erreger Diphtheriebakterium
Krankheit Diphtherie (Rachenbräune)

Infektion Tröpfchen

Symptome / Verlauf _____

Besonderheiten Impfung mit Heilserum oder Antibiotika

Erreger _____
Krankheit Lepra „Aussatz"

Infektion Schmutz- und Schmierinfektion Ansteckung recht gering

Symptome / Verlauf Verbreitet in Afrika und Asien, Haut- und Nervenbefall, grausame Entstellungen und Empfindlichkeitsverlust, Fieberschübe, Verlust von Gliedern

Besonderheiten Inkubation 1 bis 30 Jahre
Isolation: „Leprosorien"

Erreger Escherichia coli u.a.
Krankheit Diarrhoe (Durchfall) „Montezumas Rache"

Infektion Infiziertes Trinkwasser oder Nahrungsmittel

Symptome / Verlauf _____

Besonderheiten Keimzahl- und Artbestimmung durch Gesundheitsämter

---

Vor den meisten Keimen ist eine übermäßige Angst unbegründet, da ausreichende, vorsorgliche Schutzimpfungen möglich sind, im akuten Fall häufig Heilseren gegeben werden können und Antibiotika das Übrige tun.

Arbeitsblätter Biologie: Bakterien, Pilze, Viren und Parasiten

Bakteriensteckbriefe II

Steckbrief

Gesucht werden wegen vorsätzlicher Körperverletzung die folgenden Keime. Vor dem Umgang mit ihnen wird dringend gewarnt. Für einen erfolgreichen Abschluß der Suche müssen die Steckbriefe noch vollständig ergänzt werden. Dein Biologiebuch oder Gesundheitslexika helfen dir sicher weiter!

Erreger	Pertussisbakterium
Krankheit	*Keuchhusten, Stickhusten*
	Pertussis
Infektion	*Tröpfchen*
Symptome Verlauf	Keuchender Husten
	Entzündung der Atemwege, Erstickungsgefahr bei Kindern, hohe Ansteckungsgefahr
Besonderheiten	Meldepflicht
	Aktive Schutzimpfung

Erreger	Streptokokken
Krankheit	Scharlach
	Scarlatina
Infektion	Tröpfchen
Symptome Verlauf	*Feuerroter Rachen*
	Fleckiger, roter Ganzkörperausschlag
	„Himbeerzunge"
Besonderheiten	Impfung unsicher
	Keine vollständige Immunität

Erreger	Clostridium tetani
Krankheit	Wundstarrkrampf
	Tetanus
Infektion	*Eindringen mit Erde und Schmutz in offene, auch kleine Wunden*
Symptome Verlauf	Durch Tetanustoxin ausgelöste krampfartige Erstarrung der Muskeln, unbehandelt tödlich
Besonderheiten	„Jedermannimpfung"
	Auffrischung alle 8 Jahre

Erreger	Yersinia pestis
Krankheit	Pest
	Schwarzer Tod
Infektion	*Rattenfloh von Nagetieren (Ratte)*
Symptome Verlauf	Beulenpest: Schwellungen der Lymphknoten, Fieber, schwarze Flecken
	Lungenpest: Zerstörung der Lunge
Besonderheiten	Heute selten
	Schutzimpfung

Vor den meisten Keimen ist eine übermäßige Angst unbegründet, da ausreichende, vorsorgliche Schutzimpfungen möglich sind, im akuten Fall häufig Heilseren gegeben werden können und Antibiotika das Übrige tun.

Bakteriensteckbriefe II

Steckbrief

Gesucht werden wegen vorsätzlicher Körperverletzung die folgenden Keime. Vor dem Umgang mit ihnen wird dringend gewarnt. Für einen erfolgreichen Abschluß der Suche müssen die Steckbriefe noch vollständig ergänzt werden. Dein Biologiebuch oder Gesundheitslexika helfen dir sicher weiter!

Erreger Pertussisbakterium
Krankheit _____

Infektion _____

Symptome Keuchender Husten
Verlauf Entzündung der Atemwege,
Erstickungsgefahr bei Kindern,
hohe Ansteckungsgefahr

Besonder- Meldepflicht
heiten Aktive Schutzimpfung

Erreger Streptokokken
Krankheit Scharlach
Scarlatina
Infektion Tröpfchen

Symptome _____
Verlauf _____

Besonder- Impfung unsicher
heiten Keine vollständige Immunität

Erreger Clostridium tetani
Krankheit Wundstarrkrampf
Tetanus
Infektion _____

Symptome Durch Tetanustoxin ausgelöste
Verlauf krampfartige Erstarrung der
Muskeln, unbehandelt tödlich

Besonder- „Jedermannimpfung"
heiten Auffrischung alle 8 Jahre

Erreger Yersinia pestis
Krankheit Pest
Schwarzer Tod
Infektion _____

Symptome Beulenpest: Schwellungen der
Verlauf Lymphknoten, Fieber, schwarze
Flecken
Lungenpest: Zerstörung der
Lunge

Besonder- Heute selten
heiten Schutzimpfung

Vor den meisten Keimen ist eine übermäßige Angst unbegründet, da ausreichende, vorsorgliche Schutzimpfungen möglich sind, im akuten Fall häufig Heilseren gegeben werden können und Antibiotika das Übrige tun.

Arbeitsblätter Biologie: Bakterien, Pilze, Viren und Parasiten

Klett

© Ernst Klett Schulbuchverlag GmbH, Stuttgart 1995
Von diesen Vorlagen ist die Vervielfältigung für den eigenen Unterrichtsgebrauch gestattet. Die Kopiergebühren sind abgegolten.
ISBN 3-12-031020-4

Salmonellen & Co.

1. Materialangebot für weitere oder andere Bakteriensteckbriefe (s. S. 14-17) zum Thema Salmonellen.

Erreger	Salmonellen
Krankheit	*Salmonellose* (Lebensmittelvergiftung)
Infektion	*Verdorbene Lebensmittel*
Symptome Verlauf	Übelkeit, Durchfall, wenige Tage, ggf. lebensgefährlich, jahrelange Salmonellenausscheidung möglich
Besonderheiten	Meldepflicht 1600 Salmonellenarten

Erreger	*Salmonellen*
Krankheit	Typhus/Paratyphus
Infektion	*Durch Typhusträger infizierte Nahrung*
Symptome Verlauf	Wochenlanges sehr hohes Fieber, Durchfall, Darmblutungen, extreme Schwächung, heutige Letalität 1%
Besonderheiten	Isolierungs- und Meldepflicht Lebenslange Immunität

2. Die häufigsten Lebensmittelvergiftungen

Erkrankung bzw. Erreger	Salmonellose	Staphylococcus aureus	Bacillus cereus	Botulismus (Clostridium botulinum)	Clostridium perfringens (Typ A)	Listerien
Inkubationszeit (I) Dauer der Krankheit (D) Symptome (S)	I: 5-72 Stunden D: einige Tage S: Durchfall, Bauchschmerzen, Schüttelfrost, Fieber, Erbrechen	I: 1-7 Stunden D: 1-2 Tage S: plötzliche Übelkeit, Erbrechen, Durchfall, Bauchkrämpfe, Schweißausbruch, allgemeine Schwäche, meist kein Fieber	I: 8-16 Stunden D: 1 Tag S: Übelkeit, wäßriger Durchfall, Bauchkrämpfe, bisweilen Erbrechen	I: 2 Stunden bis 6 Tage D: bis zu 8 Monaten S: vor allem Kopfschmerzen, Schluck-, Seh- und Atemstörungen, kann ohne Gegengift tödlich sein	I: 8-24 Stunden D: 1-2 Tage S: Durchfall, bisweilen Erbrechen	I: 7-70 Tage D: u. U. Wochen S: Fieber, Übelkeit, Durchfall, Hirnhautentzündungen, Fehlgeburten
Lebensmittel, mit denen die Erreger am häufigsten übertragen werden	Geflügel, rohe Eier und damit hergestellte Speisen	Fleisch- und Fleischprodukte, Geflügel, Milch, Käse, Soßen, Puddings, Dressings	Besonders stundenlang warmgehaltener Reis, auch Eierspeisen, Puddings, Soßen, zerkleinerte, erhitzte Fleischerzeugnisse	Unzureichend erhitztes Fleisch-, Misch- und Gemüse, Eingemachtes (hausgemachte Konserven), große Knochenschinken	Zubereitete Fleisch- und Geflügelgerichte, aufbewahrt bei Zimmertemperatur oder langsam ausgekühlt	Rohmilchprodukte, rohes Fleisch, rohes Gemüse und Salate
Anmerkungen	Häufigste Art der Lebensmittelinfektion, vermeidbar durch Kühlung bzw. gründliches Erhitzen, lebensgefährlich vor allem für Anfällige	Typisch für Gemeinschaftsverpflegung, selten, meist vom Menschen übertragen (Schleimhaut, Wunden), Gift ist hitzestabil, keine Vermehrung bei Kühlung, nicht auf Speisen husten und niesen	Typisch für Gemeinschaftsverpflegung, hierzulande wenig bekannt, langes Warmhalten vermeiden und vor dem Essen gründlich erhitzen	Gefährlichste Lebensmittelvergiftung, aber sehr selten, typisches Problem hausgemachter Konserven, Gift entsteht nur bei Sauerstoffausschluß, bombierte Konserven nicht verzehren	Hierzulande selten, typisch für Gemeinschaftsverpflegung, Gerichte nicht lange warmhalten, kühlen und vor dem Essen gründlich erhitzen	Hierzulande wenig bekannt, Problem vor allem von hygienischer Produktion, Bakterien vermehren sich auch noch bei Kühltemperaturen, Hitze zerstört sie, gefährlich vor allem für Anfällige

Quelle: Bundeszentrale für gesundheitliche Aufklärung (BZgA) und Bundesgesundheitsamt (BGA)

3. **Lösung Bakterienlexikon von S. 19:**
   A8; B15; C10; D13; E11; F17; G9; H4; I16; J3; K19; L14; M1; N18; O7; P6; Q5; R20; S21; T2; U12.

Bakterienlexikon

1. Ganz ohne Fachausdrücke und Fremdwörter geht es beim Thema Bakterien, Infektionskrankheiten und Medizin nicht. Ordne den Fachbegriffen (Buchstaben) die richtigen Erläuterungen (Zahlen) zu.

(A) THERAPIE (B) ABSESS (C) INJEKTION (D) BAKTERIEN

(E) ANTIBIOTIKA (F) LEPRA (G) AKTIVE IMMUNISIERUNG (H) INSULIN

(I) INFUSION (J) PASSIVE IMMUNISIERUNG (K) MIKROORGANISMEN (L) HEILSERUM

(M) SCHOCK (N) INDIKATION (O) APPLIKATION (P) BOTULISMUS

(Q) GRAVIDITÄT (R) SYMPTOM (S) SYNDROM (T) INKUBATIONSZEIT

(U) INFEKTION(SKRANKHEIT)

1	Auftretend nach Unfällen, schweren Allergien oder durch Bakteriengifte; führt zu nervlich bedingter Blutfehlverteilung insbesondere im Gehirn, damit unbehandelt evtl. tödlich.
2	Zeitspanne zwischen dem Eindringen eines Erregers und den ersten Krankheitssymptomen
3	Zufuhr von Antikörpern gegen eingedrungene Erreger (z.B. Gammaglobuline), Heilung der Infektion ohne daß der Körper selbst aktiv werden muß.
4	Körpereigenes Hormon, welches die Blutzuckerregulation steuert. Wurde für Diabetiker aus Bauchspeicheldrüsen von Schlachtvieh gewonnen, kann heute aus gentechnisch veränderten Bakterien in großen Mengen bereitgestellt werden.
5	Schwangerschaft
6	Lebensgefährliche Vergiftung durch bakteriell verseuchte Lebensmittel.
7	Anwendung eines Arzneimittels
8	Behandlung einer Krankheit
9	Erworbener Schutz gegen einen Krankheitserreger durch Überstehen der entsprechenden Krankheit oder durch Injektion von Substanzen (Antigenen), die den Körper zur Bildung mehr oder weniger lang schützenden Antikörpern veranlassen.
10	Einspritzung eines Arzneimittels
11	Aus Pilzen gewonnene Stoffe, die den Stoffwechsel von Bakterien stören, z.B. Penicillin.
12	Durch lebende Krankheitserreger oder deren Gifte hervorgerufene Erkrankung mit festliegendem Krankheitsverlauf und Symptomatik.
13	Einzeller, die in der Natur Stoffe umwandeln, in den Körper eingedrungen, aber zu Krankheitserregern werden. Antibiotika helfen meist gegen sie. Manche leben mit uns als Symbionten, so im Darm Escherichia coli.
14	Serum aus Blut, welches bestimmte Antikörper enthält und bei passiver Immunisierung oder gegen Schlangengifte eingesetzt wird.
15	Eiteransammlung
16	Einspeisung größerer Mengen von Arznei- und Nährstoffen – auch für längere Zeit – direkt ins Blut.
17	Bakterielle Schmierinfektion von Haut und Nerven, führt zu fortschreitender Verstümmelung, mit Antibiotika heilbar, in Europa sehr selten.
18	Anwendungsgebiet eines Arzneimittels
19	Winzige, meist einzellige Lebewesen. Nur mit modernen Mikroskopen kann man sie sehen: Einzeller, Bakterien, Pilze und ggf. Viren.
20	Einzelnes Krankheitsmerkmal
21	Krankheitsbild aus mehreren Symptomen

2. Ein Begriff und die zugehörige Erläuterung gehören nun wirklich nicht in ein Bakterienlexikon. Welche sind das?

Rätselhafte Bakterien

Hast du schon einmal ein Silbenrätsel gelöst? Wenn nicht, erkläre ich es dir gern. Fangen wir gleich bei Satz Nr. 1 an: Gefürchtet in Eierspeisen sind: „Salmonellen". Wir schauen nun nach, ob die Silben für dieses Wort mit aufgeführt sind. Da die Silben sal – mo – nel – len tatsächlich vorhanden sind, können wir annehmen, daß die Antwort richtig ist. Wir streichen jetzt die Silben, die wir für das Wort „Salmonellen" verwendet haben durch und tragen die Buchstaben in die Kästchen von Satz 1 ein. Auf die gleiche Weise werden nun auch die anderen Aufgaben gelöst. Nimm am besten einen Bleistift, damit du falsche Antworten berichtigen kannst. Wenn du die Reihe mit dem Pfeil von oben nach unten liest, erhältst du die Antwort auf die untenstehende Frage.

al – an – bio – chen – cho – diph – er – er – es – esch – hol – hurt – hül – ia – ich – im – jog – ka – ko – koch – krampf – kraut – lach – le – le – ~~len~~ – li – ~~mo~~ – mu – ~~nel~~ – ni – nus – on – pas – pest – ra – ren – ri – ri – rie – rung – sa – ~~sal~~ – sau – schar – schleim – sie – sie – sig – starr – stäb – ste – ~~ta~~ – te – teu – the – ti – ti – wein – wund

#	Frage	Antwort
1.	Gefürchtet in Eierspeisen	SALMONELLEN
2.	Rachenrötung und Erstickungsgefahr	DIPHTHERIE
3.	Abtötung aller Keime	STERILISATION
4.	Entdecker der Cholera	KOCH
5.	Schwere Durchfallerkrankung	CHOLERA
6.	Von Bakterien aus Wein gemacht	WEINESSIG
7.	Formtyp von Bakterien	STÄBCHEN
8.	Haltbar gemachter Weißkohl	SAUERKRAUT
9.	Feuerroter Rachen und Hautausschlag	SCHARLACH
10.	Lebt in unserem Darm	ESCHERICHIA
11.	Von FLEMING 1928 entdeckt	ANTIBIOTIKA
12.	Impfung alle 8 Jahre für jeden	TETANUS
13.	Hefen machen ihn, Bakterien benutzen ihn	ALKOHOL
14.	Haltbarmachen nach dem Erfinder	PASTEURISIEREN
15.	Um die meisten Bakterien	SCHLEIMHÜLLE
16.	Bakterielles Milcherzeugnis	JOGHURT
17.	Aufbau von Krankheitsabwehr	IMMUNISIERUNG
18.	Millionen Menschen starben daran	PEST
19.	Deutscher Name für Tetanus	WUNDSTARRKRAMPF

Wer macht das Sauerkraut sauer?

Lösungswort:

MILCHSÄUREBAKTERIEN

Rätselhafte Bakterien

Hast du schon einmal ein Silbenrätsel gelöst? Wenn nicht, erkläre ich es dir gern. Fangen wir gleich bei Satz Nr. 1 an: Gefürchtet in Eierspeisen sind: „Salmonellen". Wir schauen nun nach, ob die Silben für dieses Wort mit aufgeführt sind. Da die Silben sal – mo – nel – len tatsächlich vorhanden sind, können wir annehmen, daß die Antwort richtig ist. Wir streichen jetzt die Silben, die wir für das Wort „Salmonellen" verwendet haben durch und tragen die Buchstaben in die Kästchen von Satz 1 ein. Auf die gleiche Weise werden nun auch die anderen Aufgaben gelöst. Nimm am besten einen Bleistift, damit du falsche Antworten berichtigen kannst. Wenn du die Reihe mit dem Pfeil von oben nach unten liest, erhältst du die Antwort auf die untenstehende Frage.

al – an – bio – chen – cho – diph – er – er – es – esch – hol – hurt – hül – ia – ich – im – jog – ka – ko – koch – krampf – kraut – lach – le – le – ~~len~~ – li – ~~mo~~ – mu – ~~nel~~ – ni – nus – on – pas – pest – ra – ren – ri – ri – rie – rung – sa – ~~sal~~ – sau – schar – schleim – sie – sie – sig – starr – stäb – ste – ta – te – teu – the – ti – ti – wein – wund

1. Gefürchtet in Eierspeisen — S A L M O N E L L E N
2. Rachenrötung und Erstickungsgefahr
3. Abtötung aller Keime
4. Entdecker der Cholera
5. Schwere Durchfallerkrankung
6. Von Bakterien aus Wein gemacht
7. Formtyp von Bakterien
8. Haltbar gemachter Weißkohl
9. Feuerroter Rachen und Hautausschlag
10. Lebt in unserem Darm
11. Von FLEMING 1928 entdeckt
12. Impfung alle 8 Jahre für jeden
13. Hefen machen ihn, Bakterien benutzen ihn
14. Haltbarmachen nach dem Erfinder
15. Um die meisten Bakterien
16. Bakterielles Milcherzeugnis
17. Aufbau von Krankheitsabwehr
18. Millionen Menschen starben daran
19. Deutscher Name für Tetanus

Wer macht das Sauerkraut sauer?

Lösungswort:

Wettlauf mit der Zeit – Ereignisse 22

Dargestellt sind Ereignisse, die den Patienten, die Bakterien oder die Abwehr beeinflussen. Die Zahlen bestimmen die Ereignisfelder, die Spielkonsequenz (ggf. für beide Parteien gültig) ist schräg geschrieben, **B** = Bakterien, **A** = Abwehr

Die Körperabwehr

- **11** Killerzellen greifen mit Antigenen (**B**) befallene Körperzellen an
  B 1x aussetzen und A 2 vor

- **10** Aktivierung von Killerzellen
  A setzt neues braunes Hütchen ein.

- **9** Gedächtniszellen bilden sofort Antikörper, bei Neubefall –> Immunität
  B zurück zum Start, A 1x würfeln

- **8** Plasmazellen produzieren Gedächtsniszellen
  A 3 zurück, B 4 vor

- **7** Riesenfreßzellen fressen verklumpte Antigene auf
  B zurück zum Start, A 5 vor

- **6** Antikörper besetzen und verklumpen Antigene
  B 2 zurück und A 2 vor

- **5** Plasmazellen bilden Antikörper
  B 4 vor, A 6 zurück

- **4** Aktivierung der Plasmazellen
  A 1 x würfeln

- **3** Meldung an T-Helferzellen
  A 4 vor, B 6 zurück

- **2** Riesenfreßzellen verschlingen und verdauen Eindringlinge
  B zurück zum Start, A 3 vor

Die Erreger

- **23** Schockzustand
  B 7 vor und A 2 zurück

- **22** Hohes Fieber
  B 3 vor und A 3 vor

- **21** Bakterien setzen Giftstoffe (Toxine) frei
  B verdoppelt sich

- **20** Bakterien nutzen Gewebe als Nahrung
  B 2 x würfeln, A 2 x würfeln

- **19** Erreger befallen Körperzellen
  B verdoppelt sich, A 2 vor

- **18** Inkubationszeit: Erreger vermehrt sich
  B verdoppelt sich, A 7 vor

Der Patient

- **17** Eigene Abwehrkräfte schwach
  B 1x würfeln, A 1x aussetzen

- **16** Nimmt Antibiotika
  B bis zu 2 Hütchen zum Start

- **15** Nimmt Antibiotika nicht lange genug (Resistenz)
  B verdoppelt sich und A 5 zurück

- **14** Patient hat Hygieneprobleme
  B 3 vor und A 2 zurück

- **13** Verstoß gegen: „Schäl es, koch es, brat es oder laß' es!"
  B in den Dünndarm, A 3 zurück

- **12** Patient nicht geimpft
  A 5 zurück, B 3 vor

- **1** Erreger dringen in den Körper ein
  A stets 1x 2 vor

Arbeitsblätter Biologie: Bakterien, Pilze, Viren und Parasiten — Klett

© Ernst Klett Schulbuchverlag GmbH, Stuttgart 1995
ISBN 3-12-031020-4
Von diesen Vorlagen ist die Vervielfältigung für den eigenen Unterrichtsgebrauch gestattet. Die Kopiergebühren sind abgegolten.

Wettlauf mit der Zeit – Spielhütchen

Zu jedem Spielplan benötigst du 2 dieser Bögen. Male 4 x 8 Hütchen in Grün, Blau, Rot und z. B. Orange an. Bemale die 6 Freßzellen gelb und die 2 Killerzellen braun. Schneide dann alle Teile aus, knicke die Lasche um und verklebe sie zu Spielhütchen.

gelb   gelb   gelb   braun

Arbeitsblätter Biologie: Bakterien, Pilze, Viren und Parasiten

© Ernst Klett Schulbuchverlag GmbH, Stuttgart 1995

ISBN 3-12-031020-4

Von diesen Vorlagen ist die Vervielfältigung für den eigenen Unterrichtsgebrauch gestattet. Die Kopiergebühren sind abgegolten.

Wettlauf mit der Zeit – Spielfeld

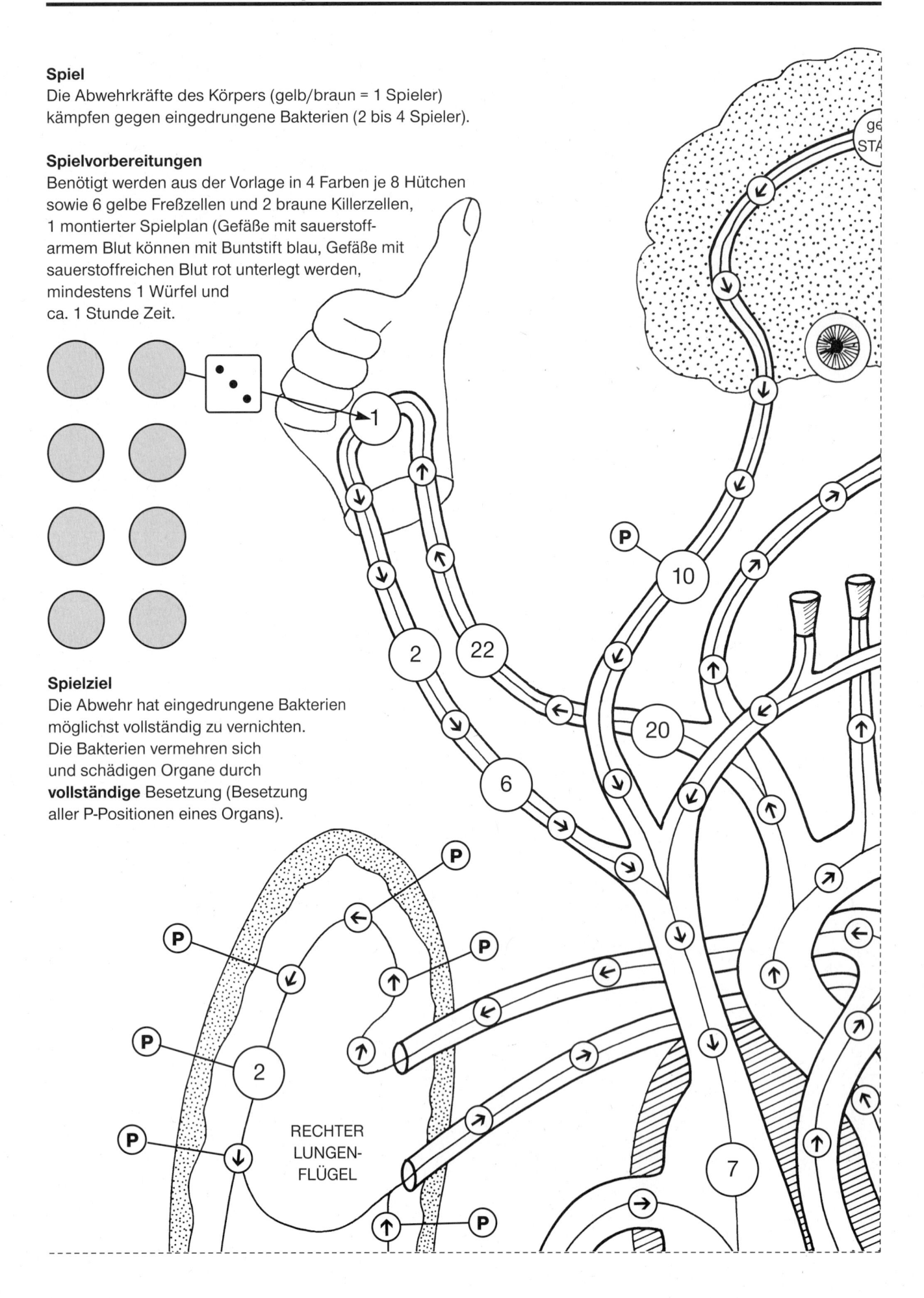

Spiel
Die Abwehrkräfte des Körpers (gelb/braun = 1 Spieler) kämpfen gegen eingedrungene Bakterien (2 bis 4 Spieler).

Spielvorbereitungen
Benötigt werden aus der Vorlage in 4 Farben je 8 Hütchen sowie 6 gelbe Freßzellen und 2 braune Killerzellen, 1 montierter Spielplan (Gefäße mit sauerstoffarmem Blut können mit Buntstift blau, Gefäße mit sauerstoffreichen Blut rot unterlegt werden, mindestens 1 Würfel und ca. 1 Stunde Zeit.

Spielziel
Die Abwehr hat eingedrungene Bakterien möglichst vollständig zu vernichten. Die Bakterien vermehren sich und schädigen Organe durch **vollständige** Besetzung (Besetzung aller P-Positionen eines Organs).

RECHTER LUNGENFLÜGEL

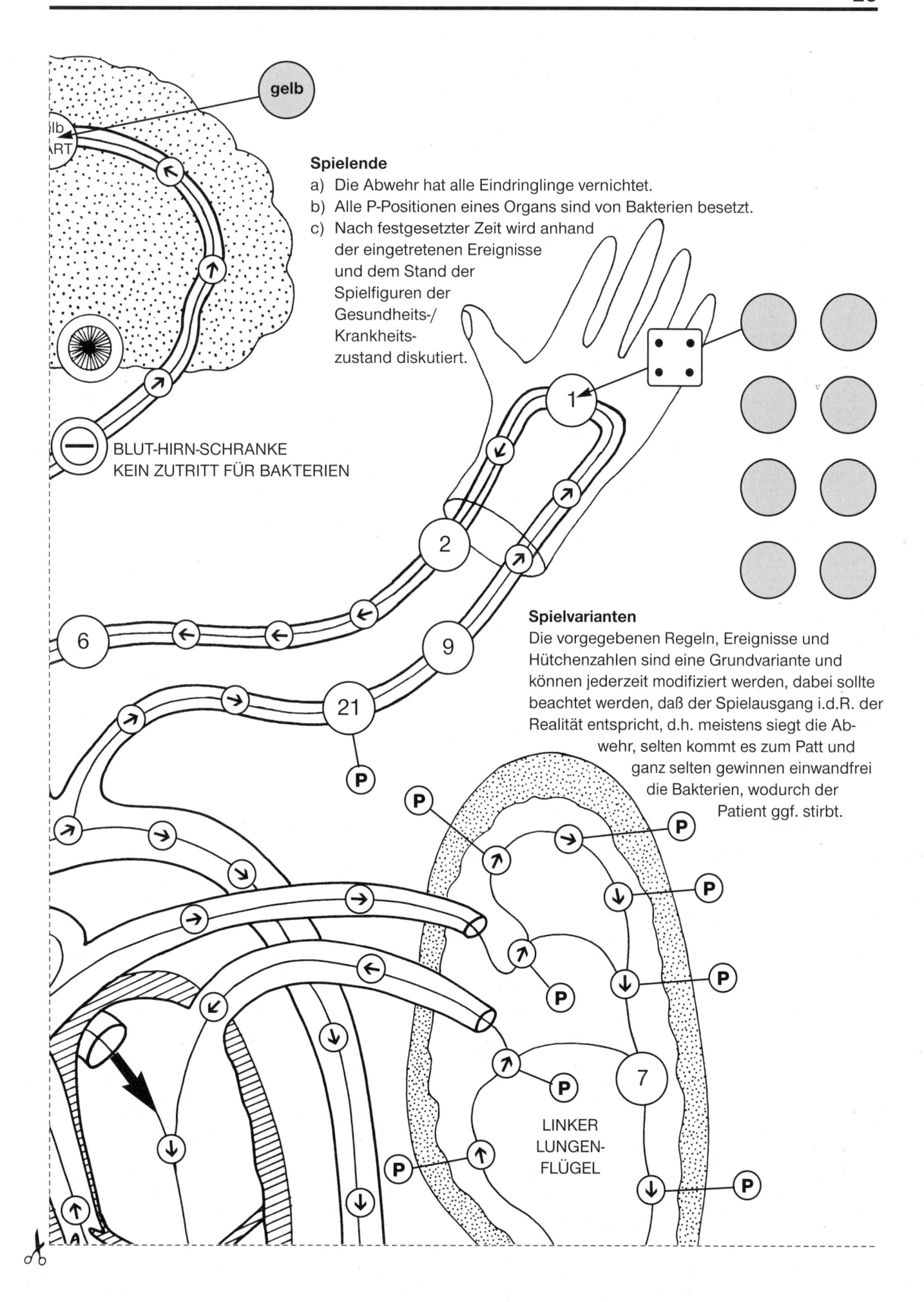

Spielende
a) Die Abwehr hat alle Eindringlinge vernichtet.
b) Alle P-Positionen eines Organs sind von Bakterien besetzt.
c) Nach festgesetzter Zeit wird anhand der eingetretenen Ereignisse und dem Stand der Spielfiguren der Gesundheits-/Krankheitszustand diskutiert.

BLUT-HIRN-SCHRANKE
KEIN ZUTRITT FÜR BAKTERIEN

Spielvarianten
Die vorgegebenen Regeln, Ereignisse und Hütchenzahlen sind eine Grundvariante und können jederzeit modifiziert werden, dabei sollte beachtet werden, daß der Spielausgang i.d.R. der Realität entspricht, d.h. meistens siegt die Abwehr, selten kommt es zum Patt und ganz selten gewinnen einwandfrei die Bakterien, wodurch der Patient ggf. stirbt.

LINKER LUNGENFLÜGEL

Spielregeln

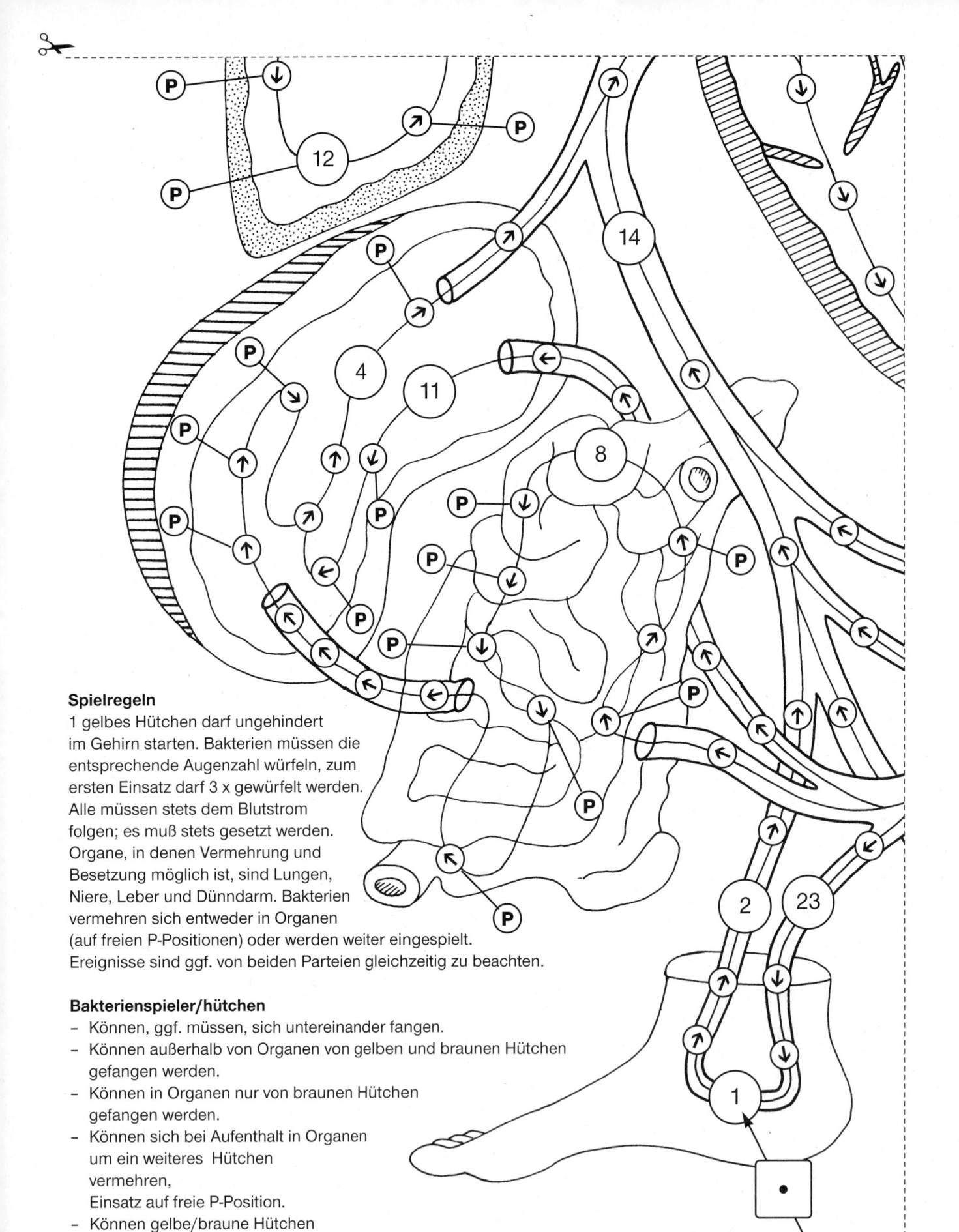

1 gelbes Hütchen darf ungehindert im Gehirn starten. Bakterien müssen die entsprechende Augenzahl würfeln, zum ersten Einsatz darf 3 x gewürfelt werden. Alle müssen stets dem Blutstrom folgen; es muß stets gesetzt werden. Organe, in denen Vermehrung und Besetzung möglich ist, sind Lungen, Niere, Leber und Dünndarm. Bakterien vermehren sich entweder in Organen (auf freien P-Positionen) oder werden weiter eingespielt. Ereignisse sind ggf. von beiden Parteien gleichzeitig zu beachten.

Bakterienspieler/hütchen

- Können, ggf. müssen, sich untereinander fangen.
- Können außerhalb von Organen von gelben und braunen Hütchen gefangen werden.
- Können in Organen nur von braunen Hütchen gefangen werden.
- Können sich bei Aufenthalt in Organen um ein weiteres Hütchen vermehren, Einsatz auf freie P-Position.
- Können gelbe/braune Hütchen nicht fangen.

Arbeitsblätter Biologie: Bakterien, Pilze, Viren und Parasiten

Klett

© Ernst Klett Schulbuchverlag GmbH, Stuttgart 1995
ISBN 3-12-031020-4
Von diesen Vorlagen ist die Vervielfältigung für den eigenen Unterrichtsgebrauch gestattet. Die Kopiergebühren sind abgegolten.

Abwehrspieler/hütchen (gelb/braun)

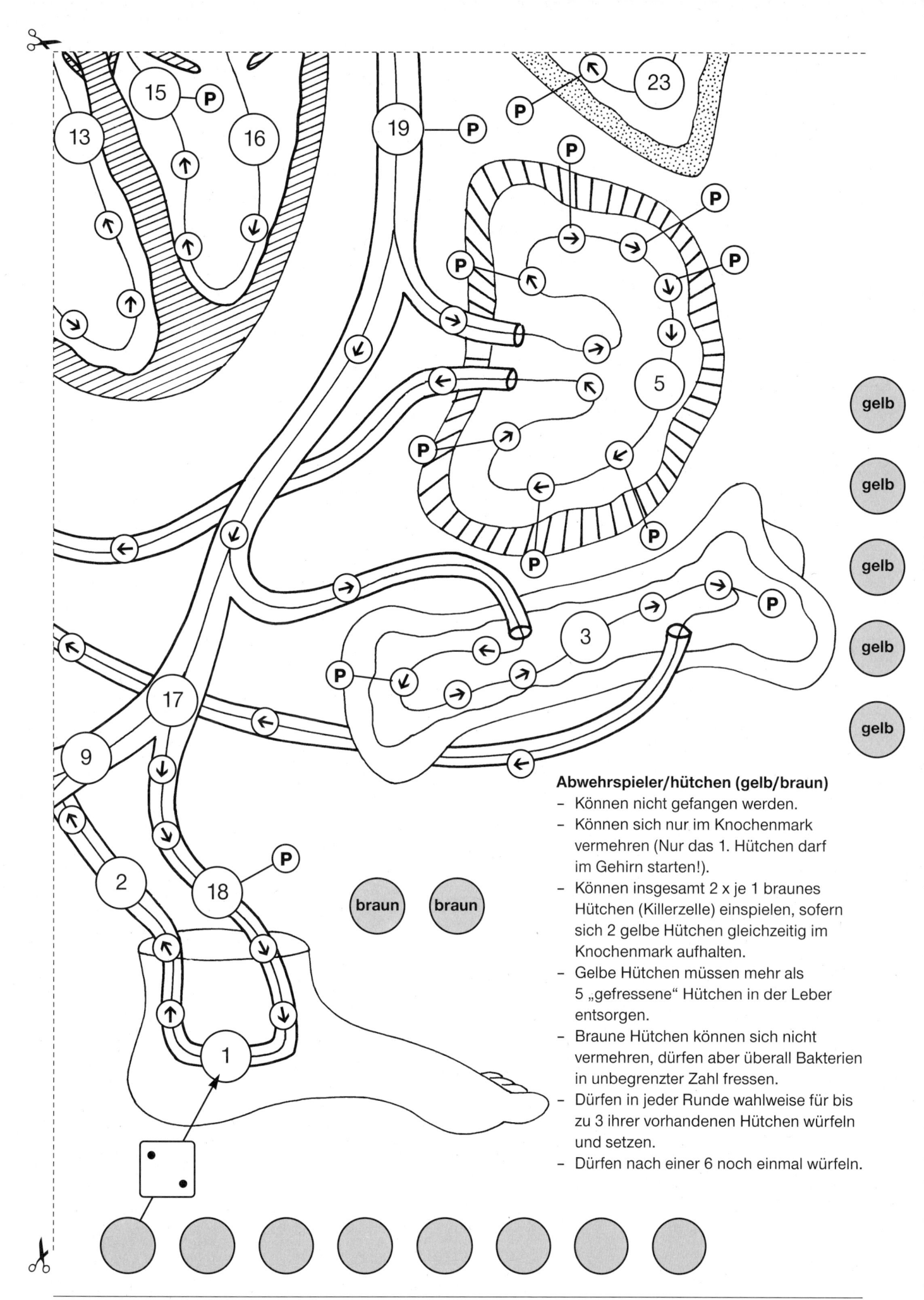

- Können nicht gefangen werden.
- Können sich nur im Knochenmark vermehren (Nur das 1. Hütchen darf im Gehirn starten!).
- Können insgesamt 2 x je 1 braunes Hütchen (Killerzelle) einspielen, sofern sich 2 gelbe Hütchen gleichzeitig im Knochenmark aufhalten.
- Gelbe Hütchen müssen mehr als 5 „gefressene" Hütchen in der Leber entsorgen.
- Braune Hütchen können sich nicht vermehren, dürfen aber überall Bakterien in unbegrenzter Zahl fressen.
- Dürfen in jeder Runde wahlweise für bis zu 3 ihrer vorhandenen Hütchen würfeln und setzen.
- Dürfen nach einer 6 noch einmal würfeln.

Arbeitsblätter Biologie: Bakterien, Pilze, Viren und Parasiten **Klett**

Immunisierung

Ordne die Sätze zum Ablauf der Immunisierung in unserem Körper. Falsche Sätze mußt du streichen.

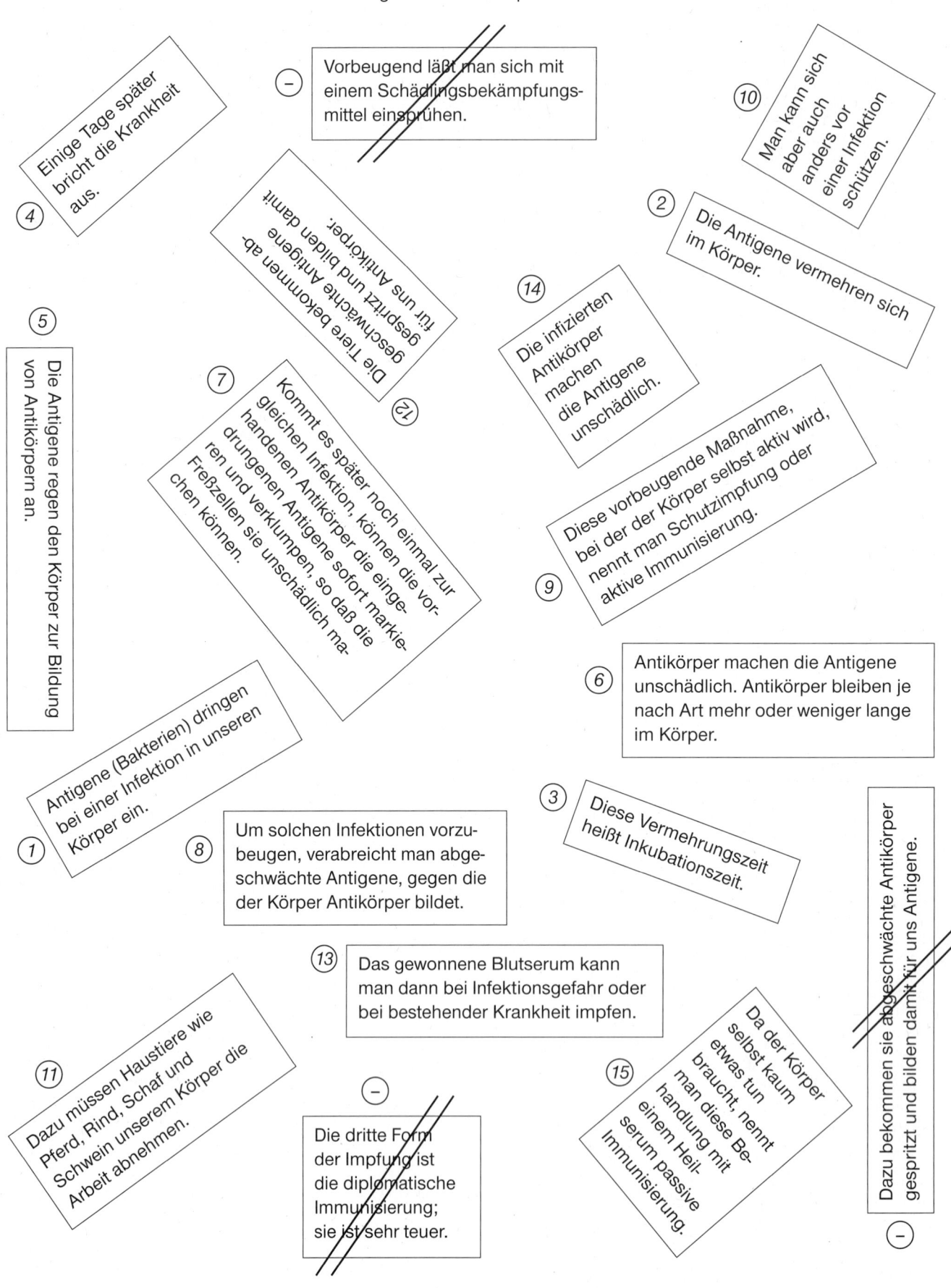

1. Antigene (Bakterien) dringen bei einer Infektion in unseren Körper ein.
2. Die Antigene vermehren sich im Körper.
3. Diese Vermehrungszeit heißt Inkubationszeit.
4. Einige Tage später bricht die Krankheit aus.
5. Die Antigene regen den Körper zur Bildung von Antikörpern an.
6. Antikörper machen die Antigene unschädlich. Antikörper bleiben je nach Art mehr oder weniger lange im Körper.
7. Kommt es später noch einmal zur gleichen Infektion, können die vorhandenen Antikörper die eingedrungenen Antigene sofort markieren und verklumpen, so daß die Freßzellen sie unschädlich machen können.
8. Um solchen Infektionen vorzubeugen, verabreicht man abgeschwächte Antigene, gegen die der Körper Antikörper bildet.
9. Diese vorbeugende Maßnahme, bei der der Körper selbst aktiv wird, nennt man Schutzimpfung oder aktive Immunisierung.
10. Man kann sich aber auch anders vor einer Infektion schützen.
11. Dazu müssen Haustiere wie Pferd, Rind, Schaf und Schwein unserem Körper die Arbeit abnehmen.
12. Die Tiere bekommen abgeschwächte Antigene gespritzt und bilden damit für uns Antikörper.
13. Das gewonnene Blutserum kann man dann bei Infektionsgefahr oder bei bestehender Krankheit impfen.
14. Die infizierten Antikörper machen die Antigene unschädlich.
15. Da der Körper selbst kaum etwas tun braucht, nennt man diese Behandlung mit einem Heilserum passive Immunisierung.

Gestrichene Sätze:
- Vorbeugend läßt man sich mit einem Schädlingsbekämpfungsmittel einsprühen.
- Die dritte Form der Impfung ist die diplomatische Immunisierung; sie ist sehr teuer.
- Dazu bekommen sie abgeschwächte Antikörper gespritzt und bilden damit für uns Antigene.

Arbeitsblätter Biologie: Bakterien, Pilze, Viren und Parasiten — Klett

Immunisierung

Ordne die Sätze zum Ablauf der Immunisierung in unserem Körper. Falsche Sätze mußt du streichen.

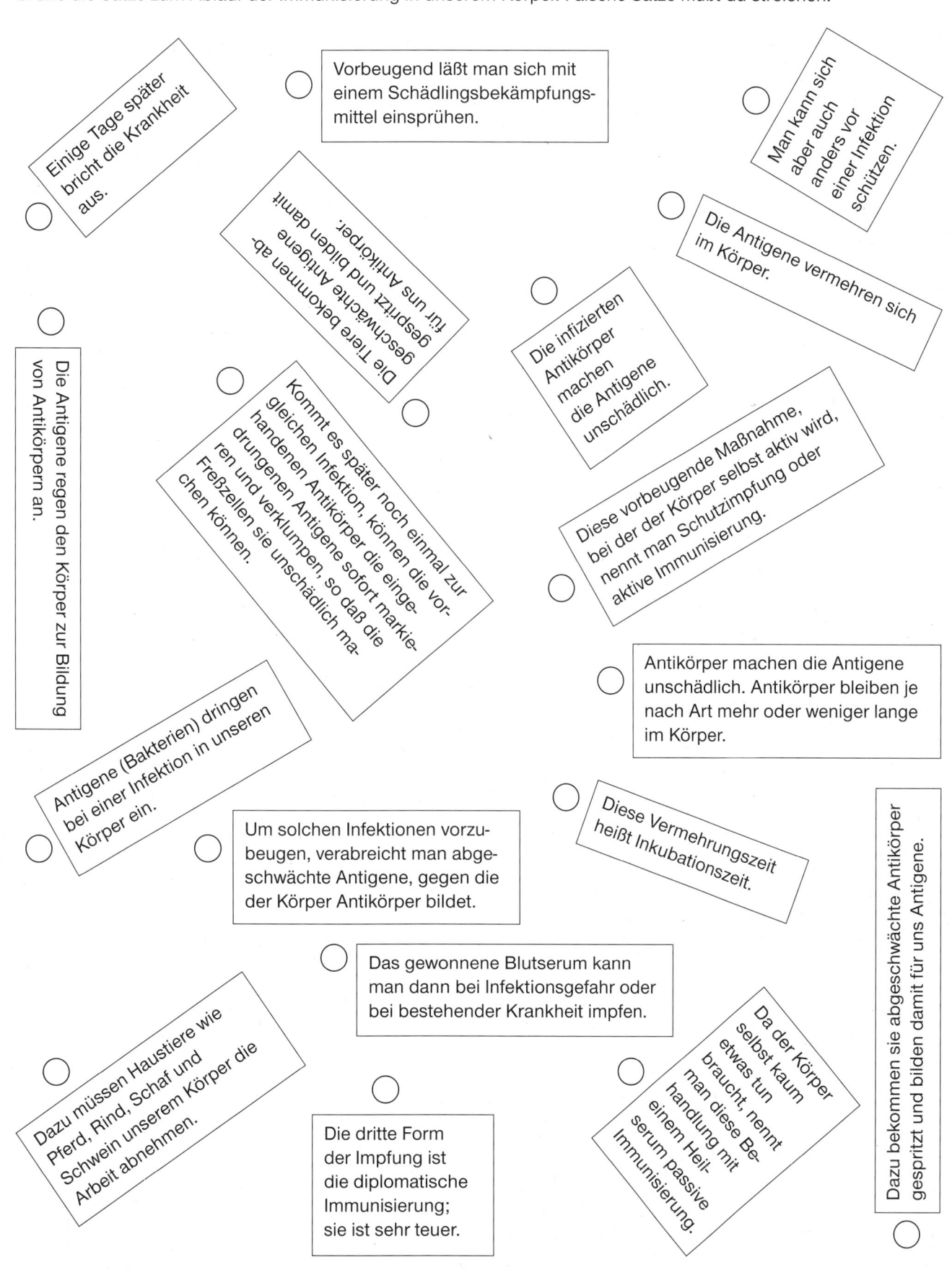

- Einige Tage später bricht die Krankheit aus.
- Vorbeugend läßt man sich mit einem Schädlingsbekämpfungsmittel einsprühen.
- Man kann sich aber auch anders vor einer Infektion schützen.
- Die Antigene vermehren sich im Körper.
- Die Tiere bekommen abgeschwächte Antigene gespritzt und bilden damit für uns Antikörper.
- Die Antigene regen den Körper zur Bildung von Antikörpern an.
- Die infizierten Antikörper machen die Antigene unschädlich.
- Kommt es später noch einmal zur gleichen Infektion, können die vorhandenen Antikörper die eingedrungenen Antigene sofort markieren und verklumpen, so daß die Freßzellen sie unschädlich machen können.
- Diese vorbeugende Maßnahme, bei der der Körper selbst aktiv wird, nennt man Schutzimpfung oder aktive Immunisierung.
- Antigene (Bakterien) dringen bei einer Infektion in unseren Körper ein.
- Antikörper machen die Antigene unschädlich. Antikörper bleiben je nach Art mehr oder weniger lange im Körper.
- Um solchen Infektionen vorzubeugen, verabreicht man abgeschwächte Antigene, gegen die der Körper Antikörper bildet.
- Diese Vermehrungszeit heißt Inkubationszeit.
- Das gewonnene Blutserum kann man dann bei Infektionsgefahr oder bei bestehender Krankheit impfen.
- Dazu müssen Haustiere wie Pferd, Rind, Schaf und Schwein unserem Körper die Arbeit abnehmen.
- Die dritte Form der Impfung ist die diplomatische Immunisierung; sie ist sehr teuer.
- Da der Körper selbst kaum etwas tun braucht, nennt man diese Behandlung mit einem Heilserum passive Immunisierung.
- Dazu bekommen sie abgeschwächte Antikörper gespritzt und bilden damit für uns Antigene.

Arbeitsblätter Biologie: Bakterien, Pilze, Viren und Parasiten

Applikationen von Arzneimitteln

1. Beschrifte die Skizze mit den möglichen Anwendungen (Applikationsformen) und gib eine geeignete Arzneiform an.

   Nasal: in die Nase

   Tropfen, Spray, Salbe

   Oral: in den Mund

   Tabletten, Saft, Tropfen u.a.

   Otikal: in die Ohren

   Tropfen

   Intramuskulär: in den Muskel

   Ampullen/Spritze

   Intravenös: in eine Vene

   Ampullen/Spritze

   Rektal: in den After

   (Vaginal: in die Scheide)

   Zäpfchen

   Subkutan: unter die Haut

   Ampullen/Spritze

   Extern: äußerlich

   Salben

2. Was versteht man unter der Applikationsform „parenteral"?

   Unter Umgehung des Verdauungssystems,

   d.h. es wird z.B. gespritzt statt geschluckt.

Arbeitsblätter Biologie: Bakterien, Pilze, Viren und Parasiten

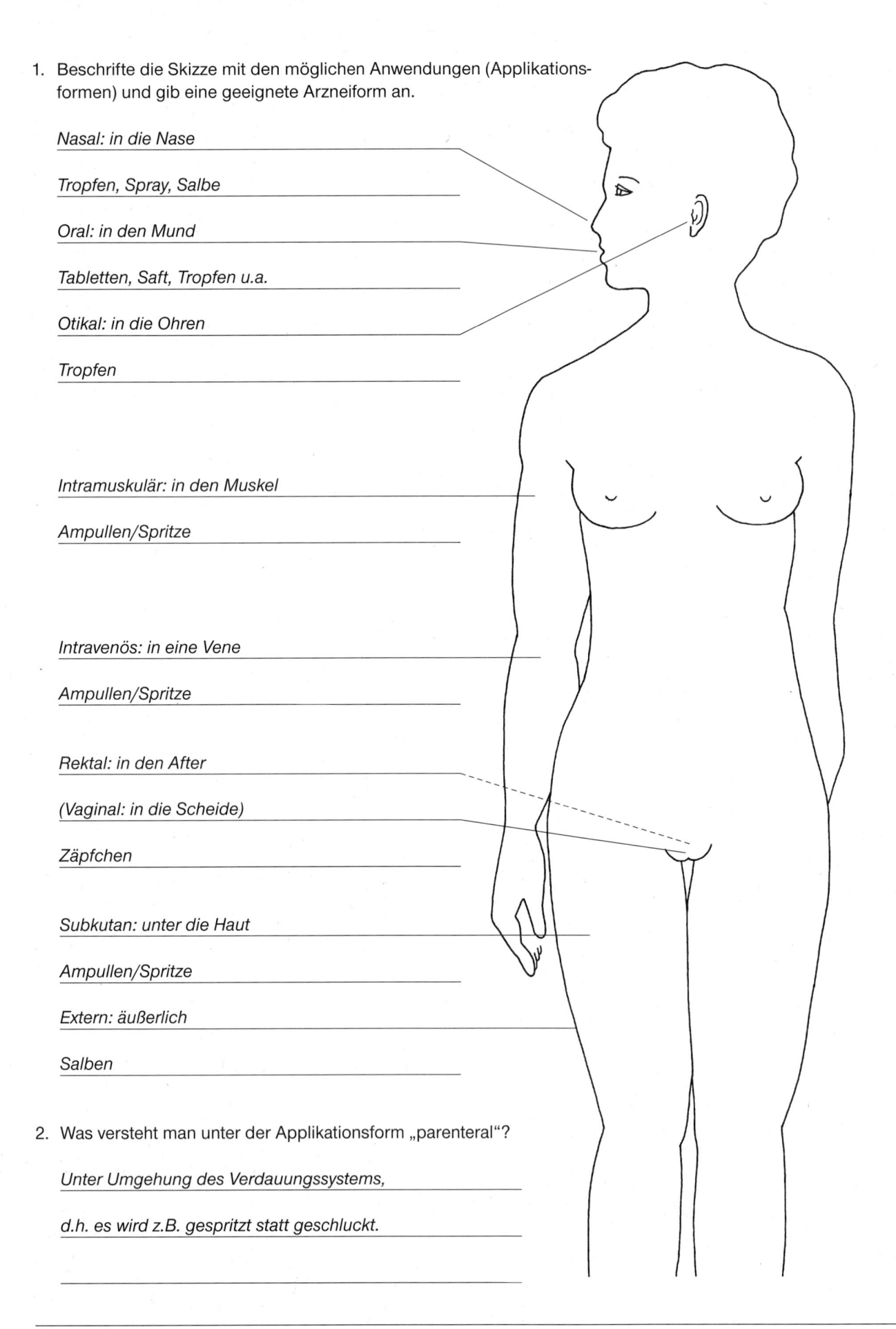

Applikationen von Arzneimitteln

1. Beschrifte die Skizze mit den möglichen Anwendungen (Applikationsformen) und gib eine geeignete Arzneiform an.

   _____

   _____

   _____

   _____

   _____

   _____

   _____

   _____

   _____

   _____

   _____

2. Was versteht man unter der Applikationsform „parenteral"?

   _____

   _____

   _____

Arbeitsblätter Biologie: Bakterien, Pilze, Viren und Parasiten

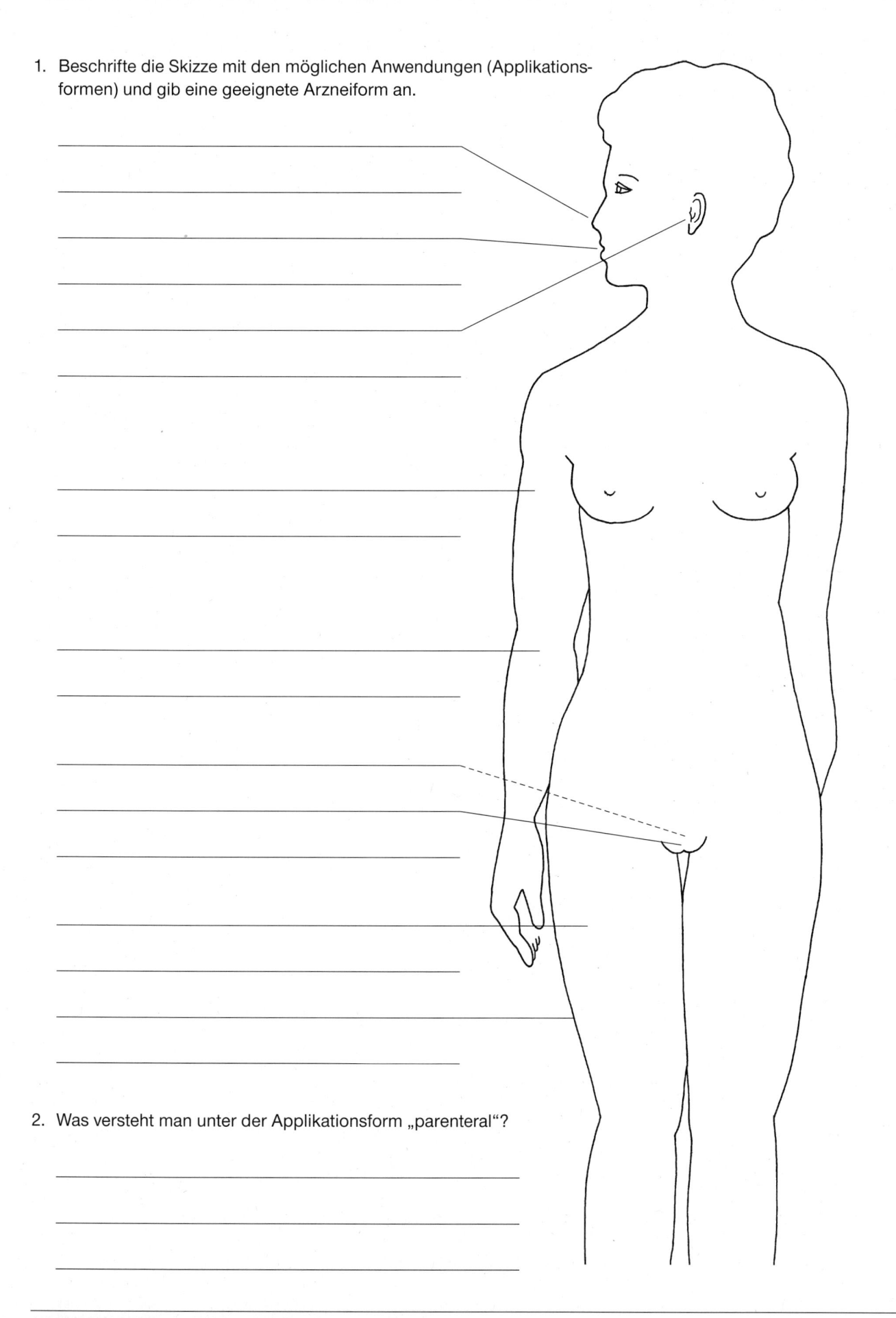

Der Körper wehrt sich 32

1. Unser Körper besitzt einige natürliche Barrieren als Schutz vor Infektionen. Benenne Ort und Art der Barriere in der Abbildung.

   Enzyme in der Tränenflüssigkeit

   Nasenschleimhaut fängt Erreger

   Drüsenzellen der Luftröhre verkleben
   Erreger durch Schleim

   Mechanischer und chemischer Schutz
   der Haut

   Salzsäure des Magens tötet Bakterien

   Ausspülung von Erregern mit Harn

   Saures Milieu der Scheide

2. Neben diesen ersten Barrieren des Körpers gegen das Eindringen von Erregern gibt es innerhalb des Organismus noch eine zweite und dritte Abwehrfront. Erläutere diese Abwehrmöglichkeiten näher:

   Die zweite Abwehrfront wirkt unspezifisch: Lymphzellen und weiße Blutkörperchen (Leukocyten)

   fressen alle „Fremdkörper" einfach auf (Freßzellen/Makrophagen); Fieber schädigt

   temperaturempfindliche Erreger. Die dritte Front ist die spezifische Antigen-Antikörper-Reaktion;

   ggf. muß der Körper die hochspezifischen Antikörper erst herstellen.

Arbeitsblätter Biologie: Bakterien, Pilze, Viren und Parasiten   **Klett**

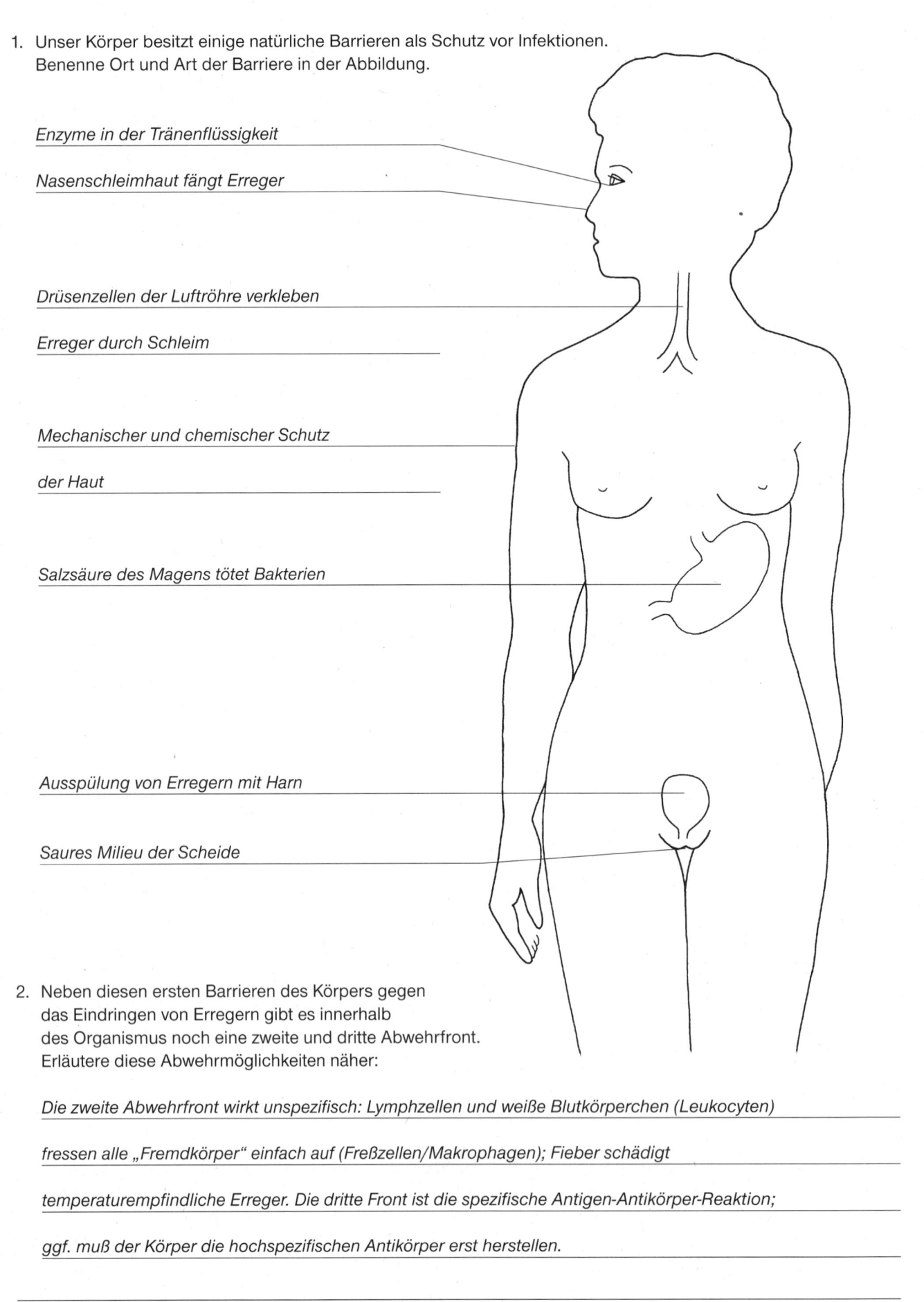

Der Körper wehrt sich 33

1. Unser Körper besitzt einige natürliche Barrieren als Schutz vor Infektionen. Benenne Ort und Art der Barriere in der Abbildung.

2. Neben diesen ersten Barrieren des Körpers gegen das Eindringen von Erregern gibt es innerhalb des Organismus noch eine zweite und dritte Abwehrfront. Erläutere diese Abwehrmöglichkeiten näher:

Arbeitsblätter Biologie: Bakterien, Pilze, Viren und Parasiten

Klett

© Ernst Klett Schulbuchverlag GmbH, Stuttgart 1995
ISBN 3-12-031020-4
Von diesen Vorlagen ist die Vervielfältigung für den eigenen Unterrichtsgebrauch gestattet. Die Kopiergebühren sind abgegolten.

Salmonellen allgegenwärtig

Information:
In der Graphik sind einige mögliche Verbindungen dargestellt, die zu einer Salmonelleninfektion des Menschen führen können. Von den über 1600 Salmonellenarten, u.a. Erreger von Typhus und Paratyphus, soll hier nur der Erreger des Brechdurchfalls betrachtet werden. Dieser ist auch außerhalb des Körpers recht stabil und stirbt erst beim Tiefgefrieren bzw. oberhalb von 60°C. In den meisten Tieren löst er keine Symptomatik aus.

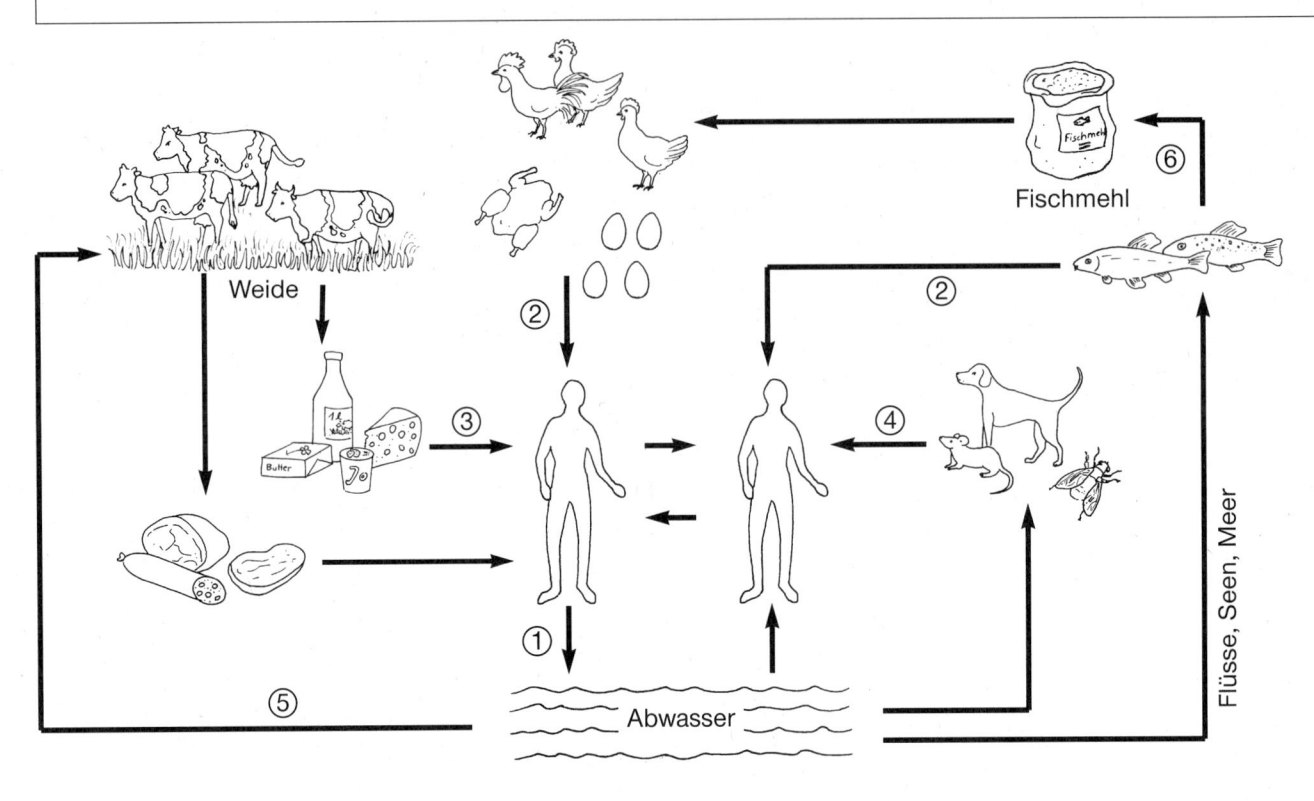

1. Erläutere kurz die mit Zahlen gekennzeichneten möglichen Infektionswege und mache einen Vorschlag zur Unterbindung der Infektionsgefahr.

   ① *Erst im Faulschlamm von Kläranlagen sterben Salmonellen ab, Abwasser darf daher nicht unbehandelt wieder in den Kreislauf gebracht werden, da es sonst eine Infektionsgefahr darstellt.*

   ② *Fisch, Geflügel und -produkte kommen roh in den Handel, geringe Infektionsgefahr durch Lebensmittelkontrolle sowie kochen und braten.*

   ③ *Milchprodukte werden ausreichend kontrolliert und sind pasteurisiert oder hocherhitzt.*

   ④ *Hygienevorschriften beim Umgang mit allen Tieren (Fell, Kot, Speichel) beachten.*

   ⑤ *Sofern Nutztiere nicht mit Tierkörpermehl gefüttert und ihre Weiden nicht mit Abwasser gedüngt werden besteht keine Gefahr.*

   ⑥ *Wenn Fisch- und Tierkörpermehle bei der Produktion hoch erhitzt werden, kann der Infektionsweg unterbrochen werden.*

Arbeitsblätter Biologie: Bakterien, Pilze, Viren und Parasiten — Klett

Salmonellen allgegenwärtig

Information:
In der Graphik sind einige mögliche Verbindungen dargestellt, die zu einer Salmonelleninfektion des Menschen führen können. Von den über 1600 Salmonellenarten, u.a. Erreger von Typhus und Paratyphus, soll hier nur der Erreger des Brechdurchfalls betrachtet werden. Dieser ist auch außerhalb des Körpers recht stabil und stirbt erst beim Tiefgefrieren bzw. oberhalb von 60°C. In den meisten Tieren löst er keine Symptomatik aus.

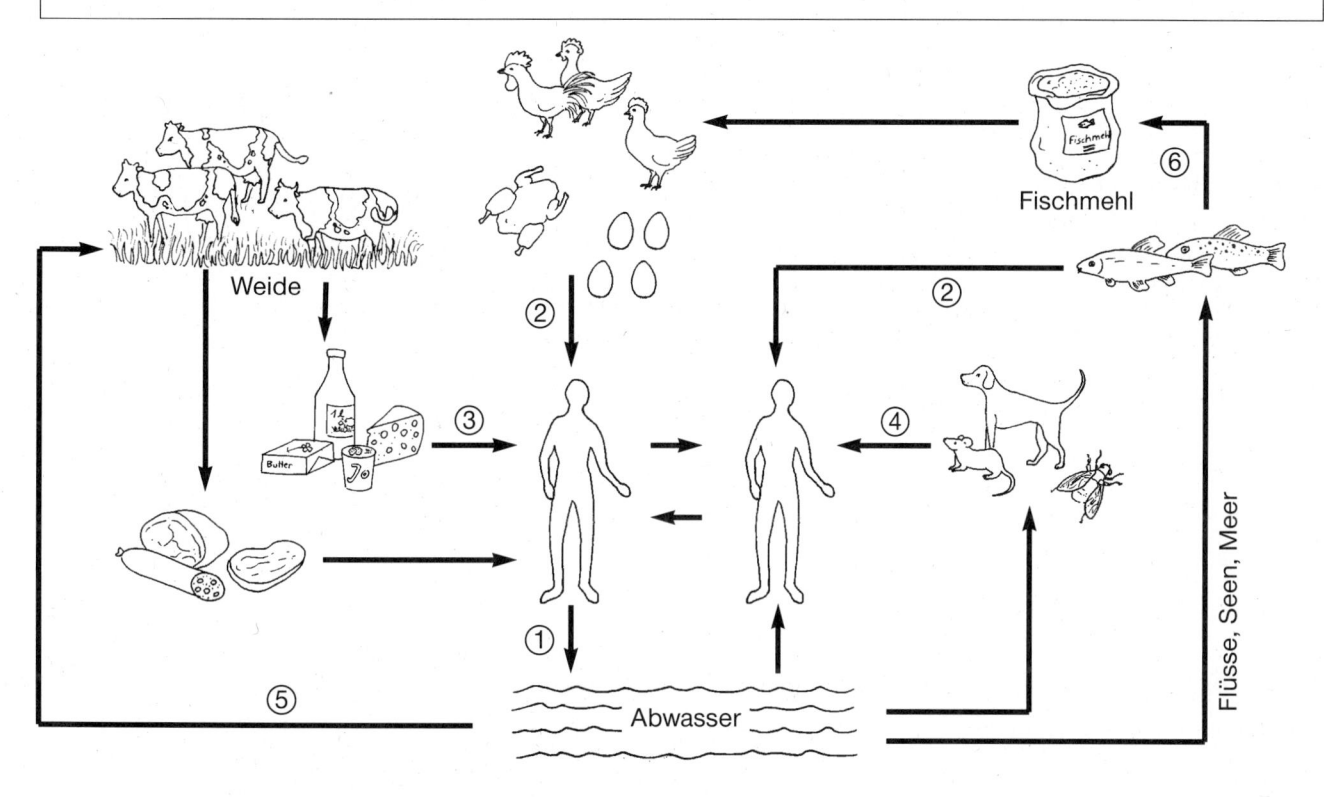

1. Erläutere kurz die mit Zahlen gekennzeichneten möglichen Infektionswege und mache einen Vorschlag zur Unterbindung der Infektionsgefahr.

① _____

② _____

③ _____

④ _____

⑤ _____

⑥ _____

Arbeitsblätter Biologie: Bakterien, Pilze, Viren und Parasiten　　Klett

Tripper/Gonorrhö bei der Frau

1. Beschrifte die Abbildung.

   a) _Eileiter_

   b) _Eierstöcke_

   c) _Gebärmutter_

   d) _Schleimhaut_

   e) _Harnblase_

   f) _Harnröhre_

   g) _Scheide_

   h) _Kitzler_

   i) _Kleine Schamlippen_

   k) _Große Schamlippen_

   l) _After_

   m) _Damm_

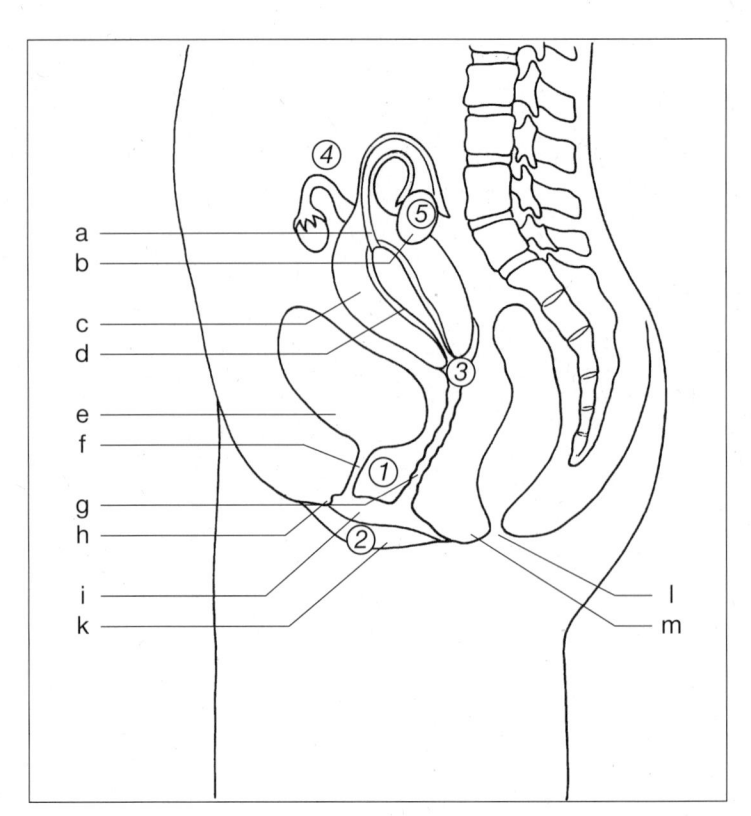

2. Übertrage die Zahlen aus dem folgenden Informationstext an die richtigen Stellen in der Skizze.

> Neben der Syphillis oder Lues, die durch Spirochäten hervorgerufen wird, und der Chlamydien-Infektion, ist die Gonorrhö oder der Tripper, der durch die kugelförmigen Gonokokken hervorgerufen wird, die häufigste Geschlechtskrankheit. Mangelnde Aufklärung über die ersten Symptome der Erkrankung, verändertes Sexualverhalten, Ferntourismus und Verkehr mit nicht registrierten Prostituierten (keine Kontrolle durch Gesundheitsämter) sind einige Gründe für den erneuten starken Vormarsch dieser Erkrankung. Die Übertragung erfolgt ausschließlich bei ungeschütztem Geschlechtsverkehr, eine Schmierinfektion ist bei mangelnder Hygiene ebenfalls möglich (z.B. Augentripper).
>
> Die ersten Symptome werden wenige Tage nach der Infektion häufig nicht erkannt. Das Brennen beim Wasserlassen in der Harnröhre **(1)** und der eitrig-schleimige Ausfluß aus Harnröhre und Scheide **(2)** verschwinden recht schnell wieder. Gerade bei jungen Frauen ist ein solches Phänomen nicht selten, wenn auch meistens nicht auf Gonokokken basierend. Häufig sind es Hefepilzinfektionen wie der Soor (Candida), der bis hierhin eine ähnliche Symptomatik zeigt, aber länger anhält und ebenfalls sofort von einem Gynäkologen behandelt werden muß. Dabei handelt es sich nicht um eine Geschlechtskrankheit, sondern um eine Störung im Scheidenmilieu, die auf der Einnahme der Pille, Verwendung von Intimsprays, synthetischer Unterwäsche, Scheidenspülungen u.v.a.m. beruhen kann.
>
> Beruhte die Symptomatik jedoch auf Gonokokken, so wird der Tripper nun chronisch. Die Erreger befallen nacheinander den Gebärmuttermund **(3)**, die Eileiter **(4)** und die Eierstöcke **(5)**. Unfruchtbarkeit kann nun oft die Konsequenz sein. Die über das Blut wandernden Gonokokken schädigen aber auch als Folgekomplikation alle inneren Organe (Leber, Niere, Herz und Nervensystem). Wandern sie in die Gelenke ein, so kann auch auf diesem Wege die Folge Arthritis sein.
>
> Im Anfangsstadium ist der Tripper recht schnell und endgültig mit speziellen Antibiotika behandelbar.
> Vor fast allen Geschlechtskrankheiten schützt nur Safer Sex (Kondome).

Arbeitsblätter Biologie: Bakterien, Pilze, Viren und Parasiten

Tripper/Gonorrhö bei der Frau 37

1. Beschrifte die Abbildung

   a) _____

   b) _____

   c) _____

   d) _____

   e) _____

   f) _____

   g) _____

   h) _____

   i) _____

   k) _____

   l) _____

   m) _____

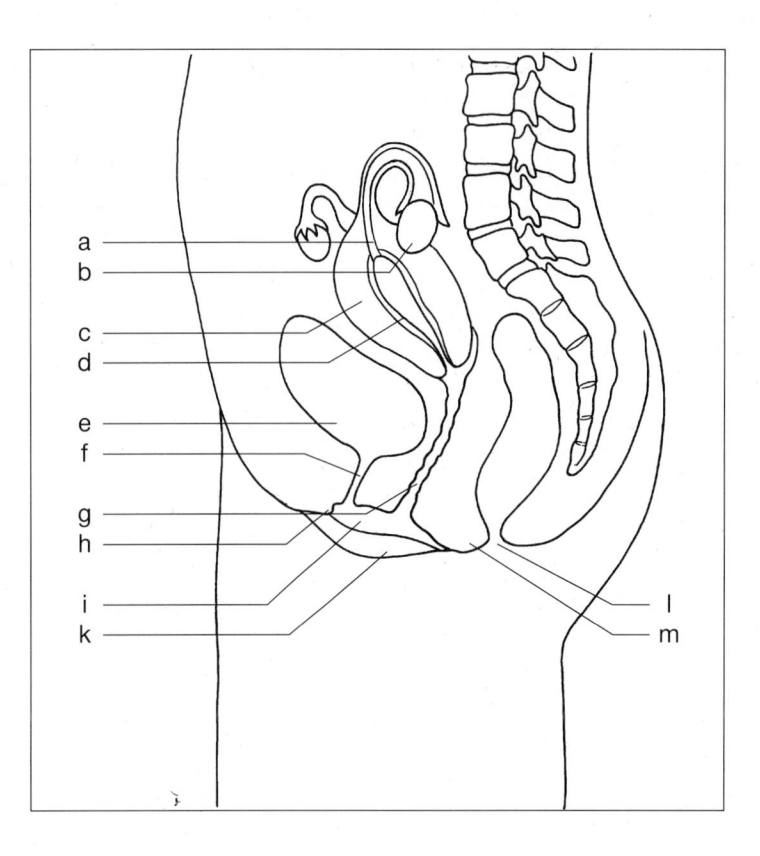

2. Übertrage die Zahlen aus dem folgenden Informationstext an die richtigen Stellen in der Skizze.

Neben der Syphillis oder Lues, die durch Spirochäten hervorgerufen wird, und der Chlamydien-Infektion, ist die Gonorrhö oder der Tripper, der durch die kugelförmigen Gonokokken hervorgerufen wird, die häufigste Geschlechtskrankheit. Mangelnde Aufklärung über die ersten Symptome der Erkrankung, verändertes Sexualverhalten, Ferntourismus und Verkehr mit nicht registrierten Prostituierten (keine Kontrolle durch Gesundheitsämter) sind einige Gründe für den erneuten starken Vormarsch dieser Erkrankung. Die Übertragung erfolgt ausschließlich bei ungeschütztem Geschlechtsverkehr, eine Schmierinfektion ist bei mangelnder Hygiene ebenfalls möglich (z.B. Augentripper).
Die ersten Symptome werden wenige Tage nach der Infektion häufig nicht erkannt. Das Brennen beim Wasserlassen in der Harnröhre **(1)** und der eitrig-schleimige Ausfluß aus Harnröhre und Scheide **(2)** verschwinden recht schnell wieder. Gerade bei jungen Frauen ist ein solches Phänomen nicht selten, wenn auch meistens nicht auf Gonokokken basierend. Häufig sind es Hefepilzinfektionen wie der Soor (Candida), der bis hierhin eine ähnliche Symptomatik zeigt, aber länger anhält und ebenfalls sofort von einem Gynäkologen behandelt werden muß. Dabei handelt es sich nicht um eine Geschlechtskrankheit, sondern um eine Störung im Scheidenmilieu, die auf der Einnahme der Pille, Verwendung von Intimsprays, synthetischer Unterwäsche, Scheidenspülungen u.v.a.m. beruhen kann.
Beruhte die Symptomatik jedoch auf Gonokokken, so wird der Tripper nun chronisch. Die Erreger befallen nacheinander den Gebärmuttermund **(3)**, die Eileiter **(4)** und die Eierstöcke **(5)**. Unfruchtbarkeit kann nun oft die Konsequenz sein. Die über das Blut wandernden Gonokokken schädigen aber auch als Folgekomplikation alle inneren Organe (Leber, Niere, Herz und Nervensystem). Wandern sie in die Gelenke ein, so kann auch auf diesem Wege die Folge Arthritis sein.
Im Anfangsstadium ist der Tripper recht schnell und endgültig mit speziellen Antibiotika behandelbar.
Vor fast allen Geschlechtskrankheiten schützt nur Safer Sex (Kondome).

Tripper/Gonorrhö beim Mann 38

1. Beschrifte die Abbildung.

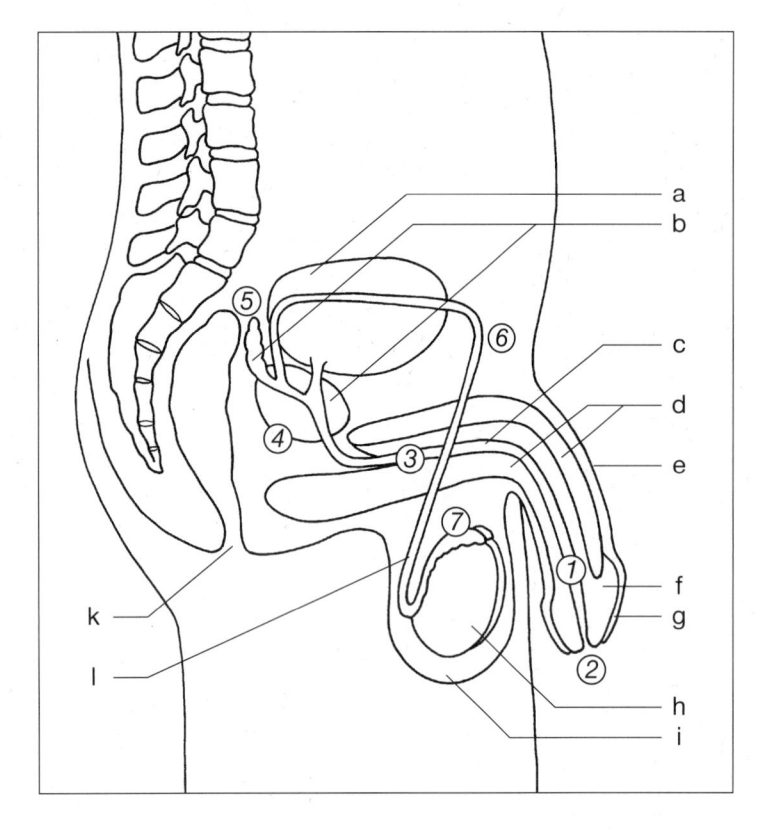

a) Harnblase

b) Bläschendrüse und Vorsteherdrüse (Prostata)

c) Harn-Spermien-Röhre

d) Schwellkörper

e) Penis

f) Eichel

g) Vorhaut

h) Hoden mit Nebenhoden

i) Hodensack

k) After

l) Spermienleiter

2. Übertrage die Zahlen aus dem folgenden Informationstext an die richtigen Stellen in der Skizze.

Neben der Syphillis oder Lues, die durch Spirochäten hervorgerufen wird, und der Chlamydien-Infektion, ist die Gonorrhö oder der Tripper, der durch die kugelförmigen Gonokokken hervorgerufen wird, die häufigste Geschlechtskrankheit. Mangelnde Aufklärung über die ersten Symptome der Erkrankung, verändertes Sexualverhalten, Ferntourismus und Verkehr mit nicht registrierten Prostituierten (keine Kontrolle durch Gesundheitsämter) sind einige Gründe für den erneuten starken Vormarsch dieser Erkrankung. Die Übertragung erfolgt ausschließlich bei ungeschütztem Geschlechtsverkehr, eine Schmierinfektion ist bei mangelnder Hygiene ebenfalls möglich (z.B. Augentripper).
Die ersten Symptome sind nach wenigen Tagen Jucken und Brennen in der Harnröhre (1) und ein starker Schmerz beim Wasserlassen, wenn die Harnröhre durch die Gonokokken entzündet wurde. Ein gelblichgrüner, schleimig-eitriger Ausfluß aus dem Glied (2) folgt. Wenige Tage später wird der obere Teil der Harnröhre befallen (3). In die Blutgefäße eingedrungene Gonokokken werden von den Abwehrzellen des Körpers (Leuko- und Lymphocyten) vernichtet. Erfolgt bis zu diesem Zeitpunkt keine Behandlung, so wird der Tripper chronisch und steigt weiter die Geschlechtsorgane auf: Befall der Prostata (4), der Bläschendrüse (5), des Spermienleiters (6) und schließlich der Nebenhoden (7).
Unfruchtbarkeit kann nun oft die Konsequenz sein. Die über das Blut wandernden Gonokokken schädigen aber auch als Folgekomplikation alle inneren Organe (Leber, Niere, Herz und Nervensystem). Wandern sie in die Gelenke ein, so kann die Folge Arthritis sein. Im Anfangsstadium ist der Tripper recht schnell und endgültig mit speziellen Antibiotika behandelbar. Vor fast allen Geschlechtskrankheiten schützt nur Safer Sex (Kondome).

Tripper/Gonorrhö beim Mann

1. Beschrifte die Abbildung.

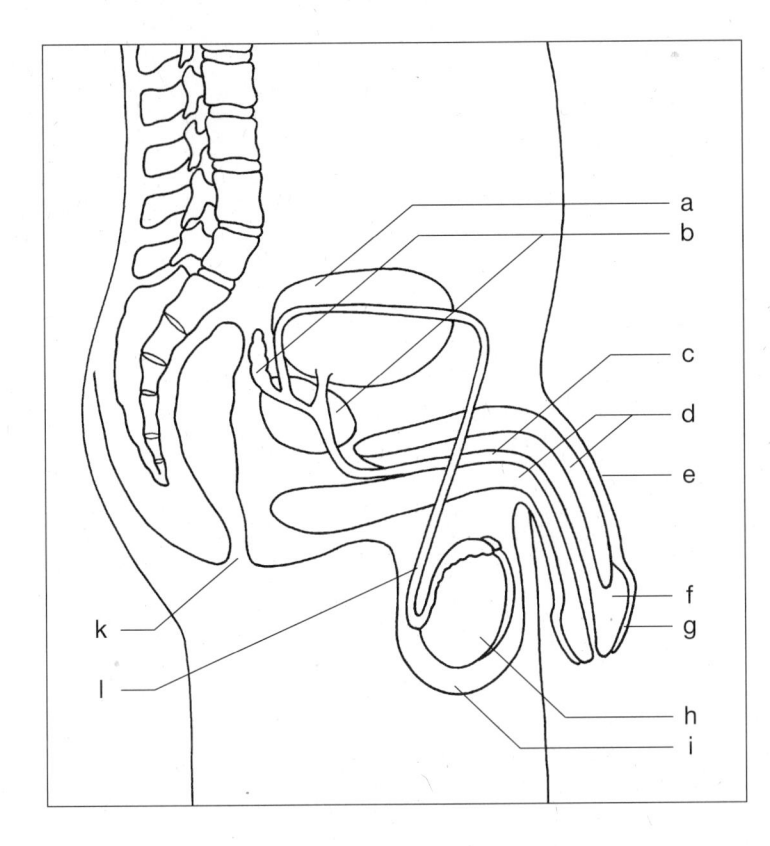

a) _____
b) _____
c) _____
d) _____
e) _____
f) _____
g) _____
h) _____
i) _____
k) _____
l) _____

2. Übertrage die Zahlen aus dem folgenden Informationstext an die richtigen Stellen in der Skizze.

Neben der Syphillis oder Lues, die durch Spirochäten hervorgerufen wird, und der Chlamydien-Infektion, ist die Gonorrhö oder der Tripper, der durch die kugelförmigen Gonokokken hervorgerufen wird, die häufigste Geschlechtskrankheit. Mangelnde Aufklärung über die ersten Symptome der Erkrankung, verändertes Sexualverhalten, Ferntourismus und Verkehr mit nicht registrierten Prostituierten (keine Kontrolle durch Gesundheitsämter) sind einige Gründe für den erneuten starken Vormarsch dieser Erkrankung. Die Übertragung erfolgt ausschließlich bei ungeschütztem Geschlechtsverkehr, eine Schmierinfektion ist bei mangelnder Hygiene ebenfalls möglich (z.B. Augentripper).
Die ersten Symptome sind nach wenigen Tagen Jucken und Brennen in der Harnröhre (1) und ein starker Schmerz beim Wasserlassen, wenn die Harnröhre durch die Gonokokken entzündet wurde. Ein gelblich-grüner, schleimig-eitriger Ausfluß aus dem Glied (2) folgt. Wenige Tage später wird der obere Teil der Harnröhre befallen (3). In die Blutgefäße eingedrungene Gonokokken werden von den Abwehrzellen des Körpers (Leuko- und Lymphocyten) vernichtet. Erfolgt bis zu diesem Zeitpunkt keine Behandlung, so wird der Tripper chronisch und steigt weiter die Geschlechtsorgane auf: Befall der Prostata (4), der Bläschendrüse (5), des Spermienleiters (6) und schließlich der Nebenhoden (7).
Unfruchtbarkeit kann nun oft die Konsequenz sein. Die über das Blut wandernden Gonokokken schädigen aber auch als Folgekomplikation alle inneren Organe (Leber, Niere, Herz und Nervensystem). Wandern sie in die Gelenke ein, so kann die Folge Arthritis sein. Im Anfangsstadium ist der Tripper recht schnell und endgültig mit speziellen Antibiotika behandelbar. Vor fast allen Geschlechtskrankheiten schützt nur Safer Sex (Kondome).

Infektionsmöglichkeiten

40

Benenne die möglichen Infektionsstellen und gib jeweils ein Krankheitsbeispiel an.

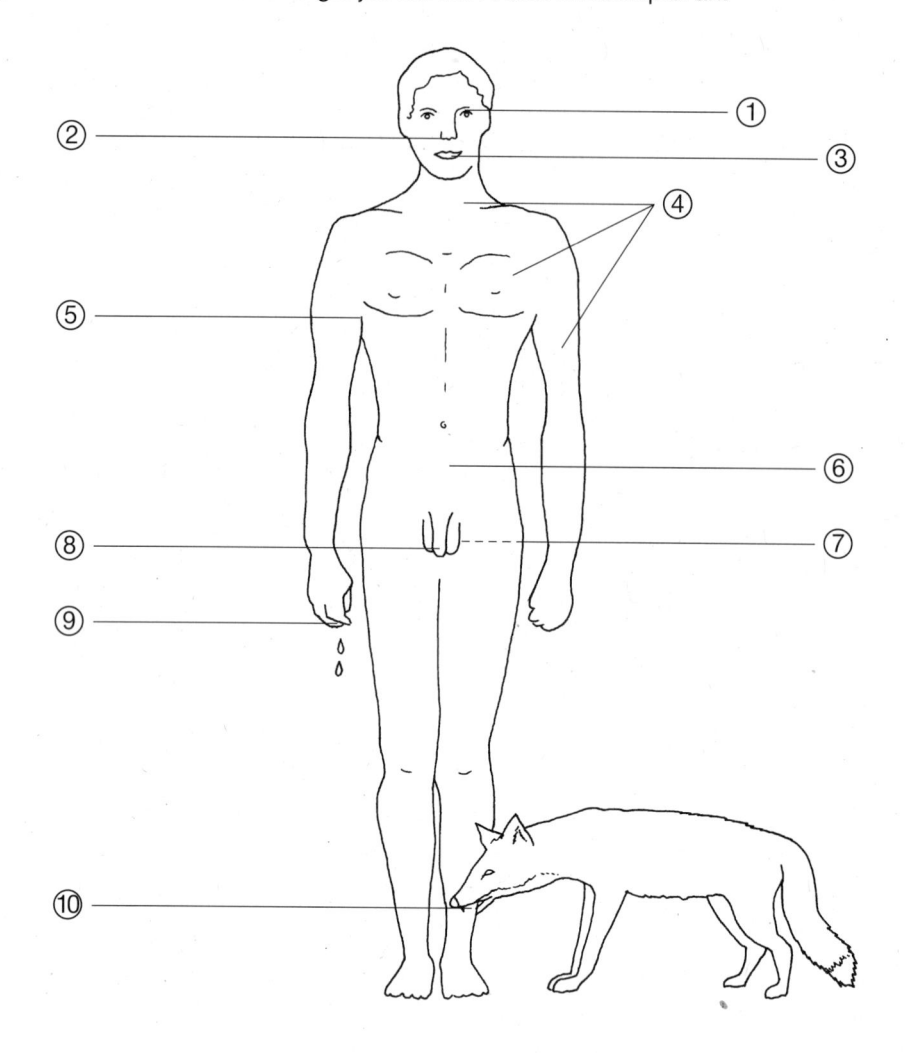

①   *Augen; Bindehautentzündung / Tripper - Schmierinfektion*

②   *Nase; Keuchhusten / Schnupfen - Tröpfcheninfektion*

③   *Mund; Salmonellose / Cholera*

④   *Insektenstiche; Malaria / Fleckfieber*

⑤   *Hautdrüsen; Schweißdrüsenabseß*

⑥   *Hautporen, Hautoberfläche; Gürtelrose / Lepra*

⑦   *After; HIV-Infektion (AIDS)*

⑧   *Geschlechtsöffnung; Gonorrhö / Soor / AIDS*

⑨   *Verletzung mit Schmutzkontakt; Wundstarrkrampf (Tetanus)*

⑩   *Verletzung durch Biß; Tetanus / Tollwut / Blutvergiftung*

Arbeitsblätter Biologie: Bakterien, Pilze, Viren und Parasiten   **Klett**

© Ernst Klett Schulbuchverlag GmbH, Stuttgart 1995   ISBN 3-12-031020-4
Von diesen Vorlagen ist die Vervielfältigung für den eigenen Unterrichtsgebrauch gestattet. Die Kopiergebühren sind abgegolten.

Infektionsmöglichkeiten

41

Benenne die möglichen Infektionsstellen und gib jeweils ein Krankheitsbeispiel an.

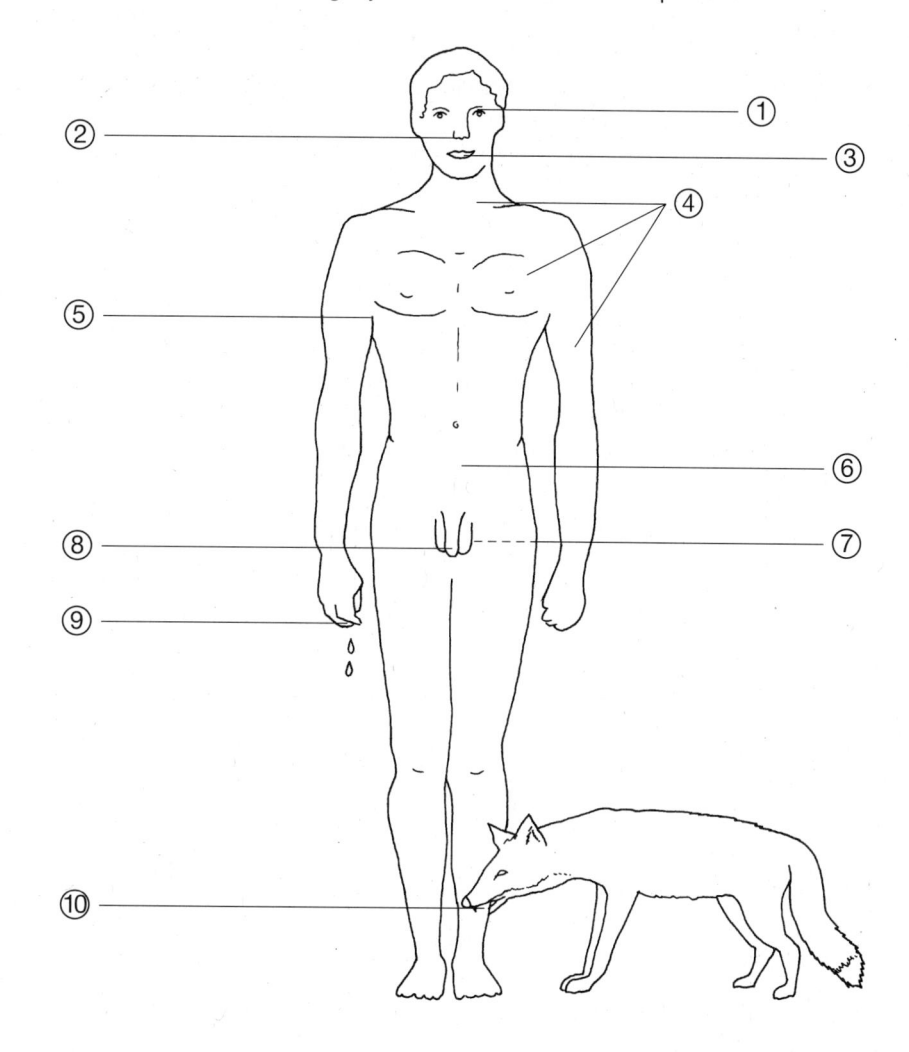

① _____
② _____
③ _____
④ _____
⑤ _____
⑥ _____
⑦ _____
⑧ _____
⑨ _____
⑩ _____

Arbeitsblätter Biologie: Bakterien, Pilze, Viren und Parasiten Klett

© Ernst Klett Schulbuchverlag GmbH, Stuttgart 1995
ISBN 3-12-031020-4
Von diesen Vorlagen ist die Vervielfältigung für den eigenen Unterrichtsgebrauch gestattet. Die Kopiergebühren sind abgegolten.

Tetanus – Wundstarrkrampf

Information:
Gegen einige Infektionen solltest du stets ausreichenden Impfschutz besitzen, dazu zählt neben der Kinderlähmung auch der Schutz vor Tetanus, dem gefürchteten Wundstarrkrampf.
Tetanuserreger (*Clostridium tetani*) sind allgegenwärtig im Hausstaub, Straßenschmutz und in der Erde. Sie produzieren eines der stärksten Gifte (Tetanustoxin), die bekannt sind. Der Erreger kann über blutende, verschmutzte Wunden oder über kleinste Hautrisse z.B. bei der Gartenarbeit eindringen.
Der Befall des Zentralnervensystems führt zu Kaumuskelkrämpfen, Muskelerstarrungen und Problemen in der Atmung. Unbehandelt ist die Erkrankung in über 50 % der Fälle tödlich.
Auch wenn kein aktiver Impfschutz besteht, ist im akuten Fall eine passive Immunisierung mit Serum möglich, sofern die Infektion früh genug erkannt wurde.

1. Schau in deinem Impfbuch nach, ob bei dir Schutz gegen Tetanus besteht.

   Bei mir besteht (kein) ausreichender Impfschutz gegen Tetanus.

2. Mach dich sachkundig und fülle in dem abgebildeten Impfplan der wichtigsten Infektionskrankheiten die Kästchen aus. Vergleiche dann mit deinem persönlichen Impfschutz und diskutiere mit deinen Eltern und deinem Hausarzt, ob du dich nicht nachimpfen lassen solltest.

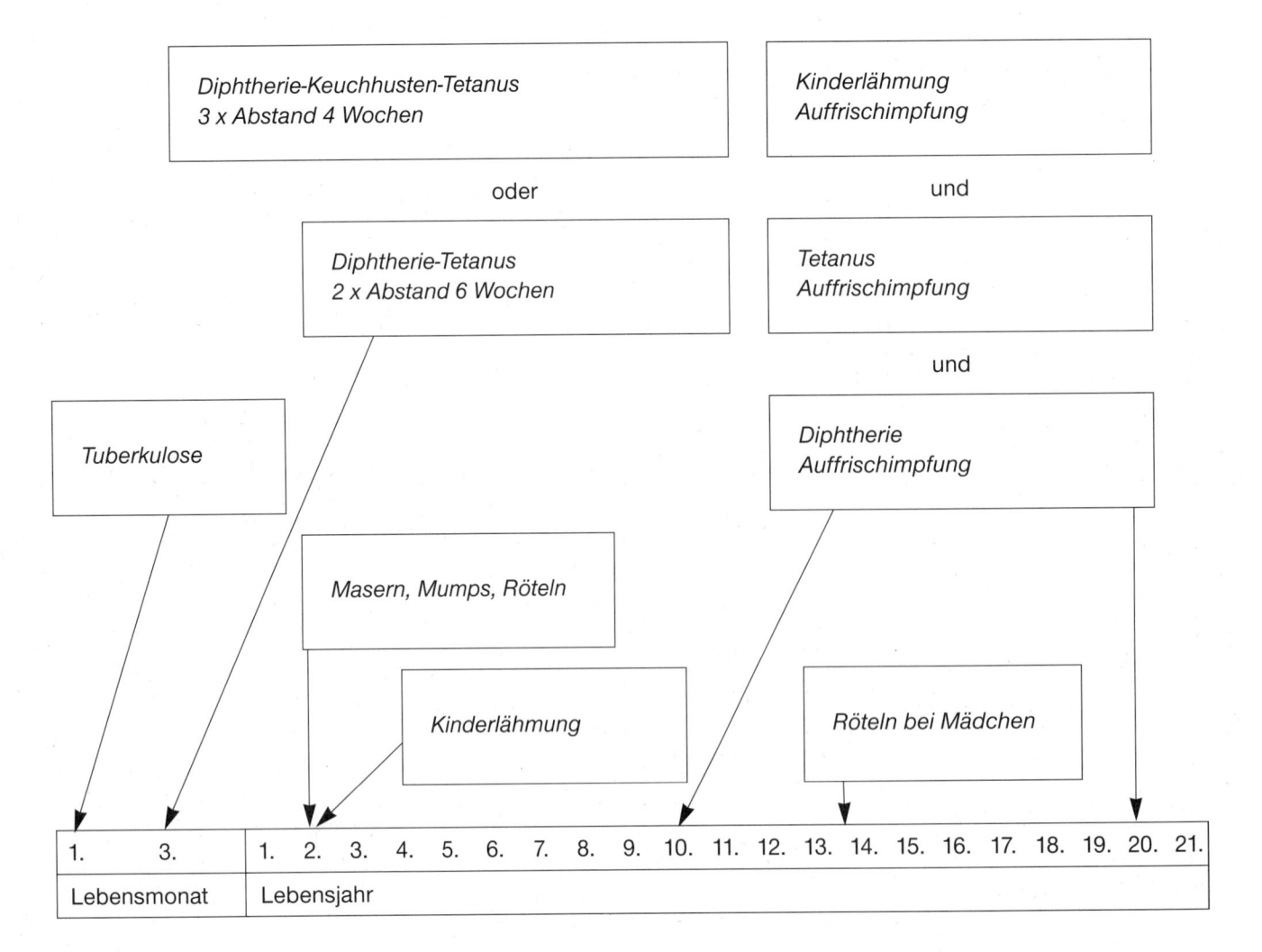

   Diphtherie-Keuchhusten-Tetanus
   3 x Abstand 4 Wochen

   Kinderlähmung
   Auffrischimpfung

   oder — und

   Diphtherie-Tetanus
   2 x Abstand 6 Wochen

   Tetanus
   Auffrischimpfung

   und

   Tuberkulose

   Diphtherie
   Auffrischimpfung

   Masern, Mumps, Röteln

   Kinderlähmung

   Röteln bei Mädchen

Lebensmonat	Lebensjahr
1. 3.	1. 2. 3. 4. 5. 6. 7. 8. 9. 10. 11. 12. 13. 14. 15. 16. 17. 18. 19. 20. 21.

Arbeitsblätter Biologie: Bakterien, Pilze, Viren und Parasiten

Tetanus – Wundstarrkrampf 43

Information:
Gegen einige Infektionen solltest du stets ausreichenden Impfschutz besitzen, dazu zählt neben der Kinderlähmung auch der Schutz vor Tetanus, dem gefürchteten Wundstarrkrampf.
Tetanuserreger (*Clostridium tetani*) sind allgegenwärtig im Hausstaub, Straßenschmutz und in der Erde. Sie produzieren eines der stärksten Gifte (Tetanustoxin), die bekannt sind. Der Erreger kann über blutende, verschmutzte Wunden oder über kleinste Hautrisse z.B. bei der Gartenarbeit eindringen.
Der Befall des Zentralnervensystems führt zu Kaumuskelkrämpfen, Muskelerstarrungen und Problemen in der Atmung. Unbehandelt ist die Erkrankung in über 50 % der Fälle tödlich.
Auch wenn kein aktiver Impfschutz besteht, ist im akuten Fall eine passive Immunisierung mit Serum möglich, sofern die Infektion früh genug erkannt wurde.

1. Schau in deinem Impfbuch nach, ob bei dir Schutz gegen Tetanus besteht.

2. Mach dich sachkundig und fülle in dem abgebildeten Impfplan der wichtigsten Infektionskrankheiten die Kästchen aus. Vergleiche dann mit deinem persönlichen Impfschutz und diskutiere mit deinen Eltern und deinem Hausarzt, ob du dich nicht nachimpfen lassen solltest.

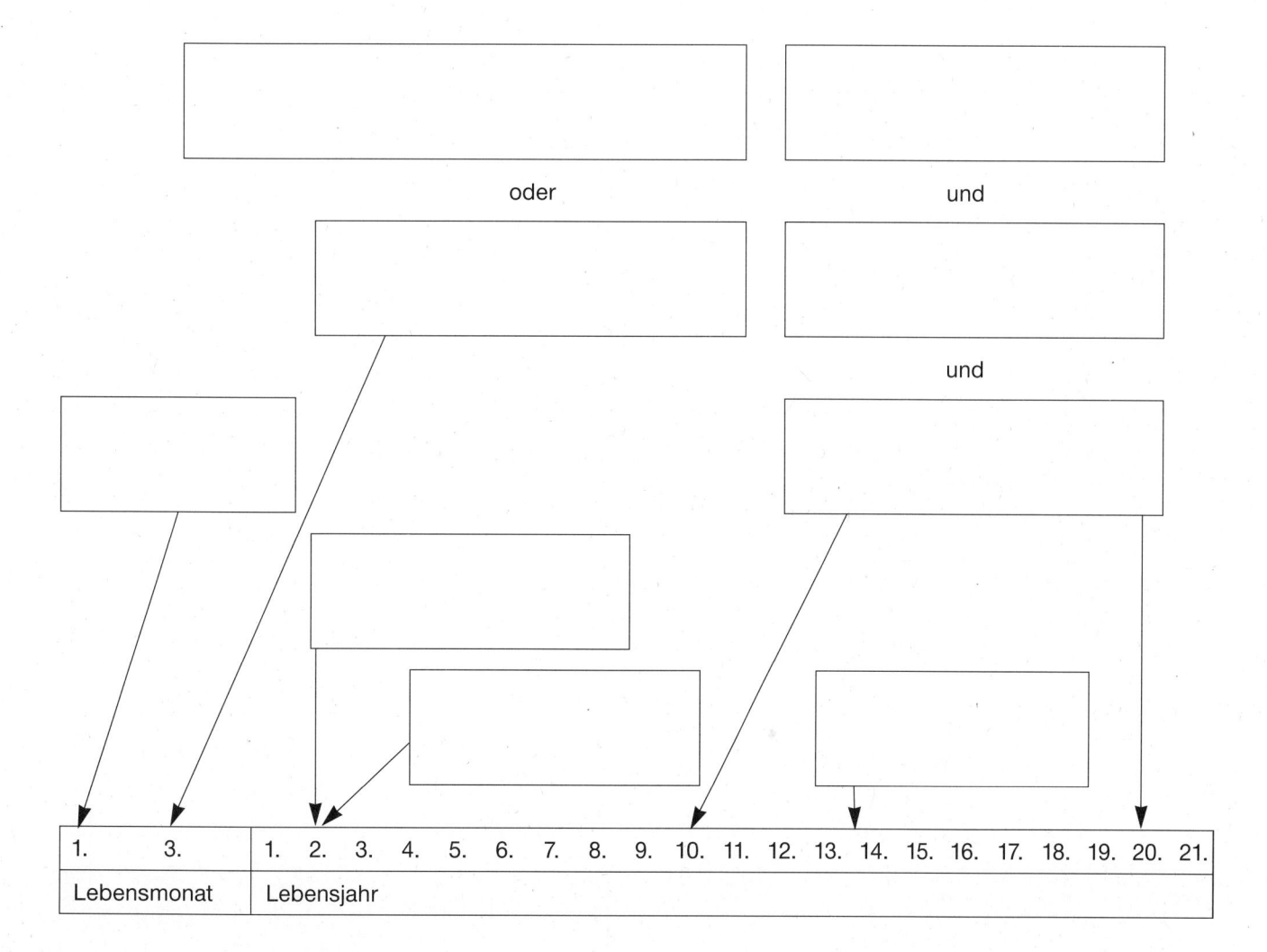

1.	3.	1.	2.	3.	4.	5.	6.	7.	8.	9.	10.	11.	12.	13.	14.	15.	16.	17.	18.	19.	20.	21.
Lebensmonat		Lebensjahr																				

Pest – Der Schwarze Tod

44

Information:
Im Mittelalter starben mehr als 50 Millionen Menschen an der Pest. So sind bis ins 18. Jahrhundert mehr Menschen durch den Schwarzen Tod umgekommen als durch alle Kriege und Katastrophen zusammen.
Die von Dr. YERSIN 1894 entdeckten Erreger sind Bakterien (*Yersinia pestis*) die Kleinnager, insbesondere Ratten befallen.
Die Sterblichkeit betrug bei Beulenpest 50 bis 90%, bei Lungenpest 100%. Heute stehen Antibiotika und Sulfonamide, seit dem Vietnamkrieg auch aktive Immunisierungen, zur Verfügung, so daß die Todesrate auf 0,5% gesenkt werden konnte. Pandemien (weltweite Epidemien) treten nicht mehr auf; in Südostasien und Amerika erkranken jährlich aber noch etwa 200 Menschen an der Pest. Erst 1994 hielten die Pestfälle in Indien wieder die Welt in Atem.

Das Schema stellt den Übertragungsweg der Pest dar. Fasse die Graphik in Stichworte und beschreibe knapp die Krankheitssymptome.

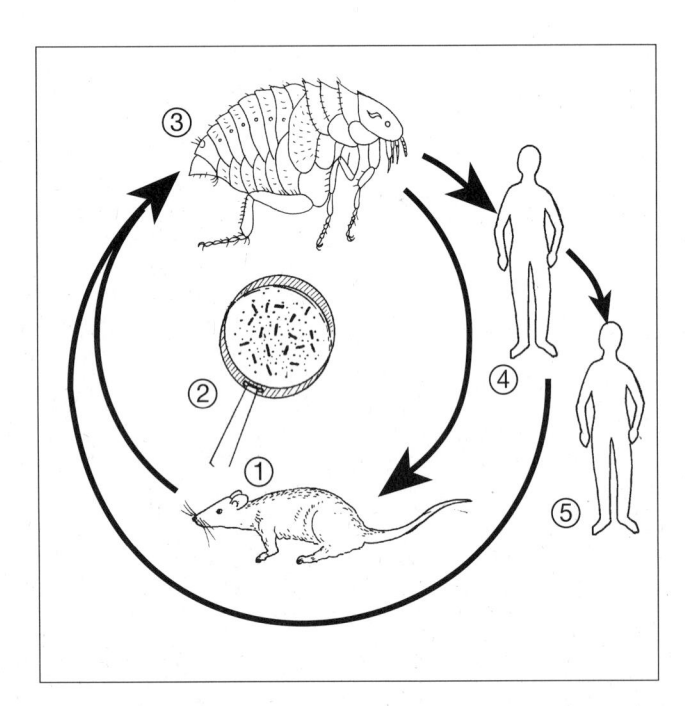

Kleinnager und Ratten (1) werden von dem Erreger (2) befallen. Die Verbreitung erfolgt über den Rattenfloh (3). Bei mangelnder Hygiene (z.B. Folge von Kriegen, Armut, Slums, Streik der Müllabfuhr) vermehren sich die Ratten explosiv. Desorientierte Ratten verenden im menschlichen Umfeld.

Der Floh (3) springt auf den Menschen (4) und überträgt die Pesterreger (2).

Die Folge ist Beulenpest: Eitrige Beulen, die sich schwarz färben (Schwarzer Tod), als Folge der Flohstiche, Drüsenschwellungen, nach 3 Tagen erreicht Yersinia die Lunge (Lungenpest) und zerstört sie. Die Ansteckung kann jetzt auch als Tröpfcheninfektion von Mensch (4) zu Mensch (5) erfolgen.

Arbeitsblätter Biologie: Bakterien, Pilze, Viren und Parasiten   Klett

Pest – Der Schwarze Tod

Information:
Im Mittelalter starben mehr als 50 Millionen Menschen an der Pest. So sind bis ins 18. Jahrhundert mehr Menschen durch den Schwarzen Tod umgekommen als durch alle Kriege und Katastrophen zusammen.
Die von Dr. YERSIN 1894 entdeckten Erreger sind Bakterien (*Yersinia pestis*) die Kleinnager, insbesondere Ratten befallen.
Die Sterblichkeit betrug bei Beulenpest 50 bis 90%, bei Lungenpest 100%. Heute stehen Antibiotika und Sulfonamide, seit dem Vietnamkrieg auch aktive Immunisierungen, zur Verfügung, so daß die Todesrate auf 0,5% gesenkt werden konnte. Pandemien (weltweite Epidemien) treten nicht mehr auf; in Südostasien und Amerika erkranken jährlich aber noch etwa 200 Menschen an der Pest. Erst 1994 hielten die Pestfälle in Indien wieder die Welt in Atem.

Das Schema stellt den Übertragungsweg der Pest dar. Fasse die Graphik in Stichworte und beschreibe knapp die Krankheitssymptome.

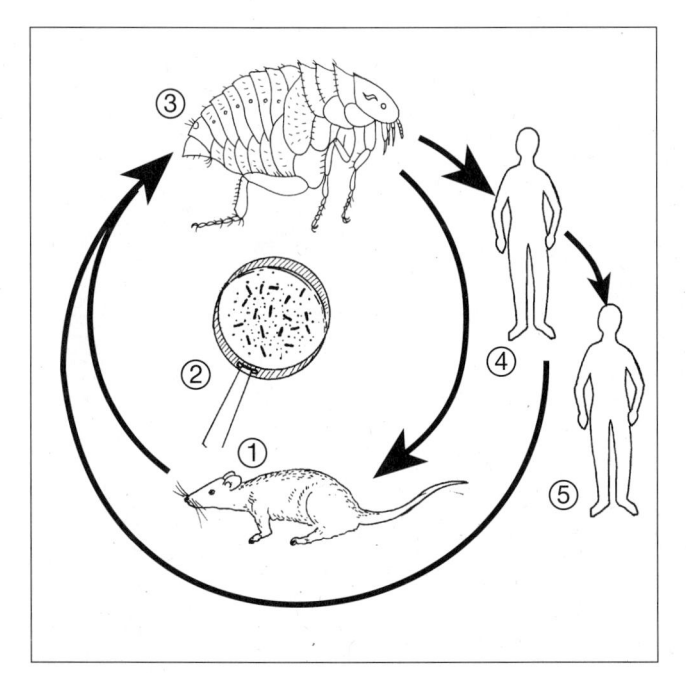

Gentechnik und Arzneimittel

Information:
Natürliche Stoffe, die äußerst selten oder/und kompliziert gebaut sind, stehen für Arzneimittel nicht in ausreichenden Mengen und Reinheit zur Verfügung.
So ist z.B. das körpereigene Hormon Insulin der Bauchspeicheldrüse für viele Diabetiker lebensnotwendig, da sie es selber nicht oder nicht ausreichend produzieren können. Bis 1990 mußte es mühsam aus den Drüsen des Schlachtviehs extrahiert und gereinigt werden. Dabei traten durch tierische Resteiweiße bei den Patienten immer wieder Unverträglichkeiten auf.
Durch gentechnisch veränderte Bakterien kann Insulin heute in ausreichend großen Mengen, absolut rein und bald auch preiswerter hergestellt werden.

Beschrifte die Verfahrensschritte zur gentechnischen Umprogrammierung eines Bakteriums.

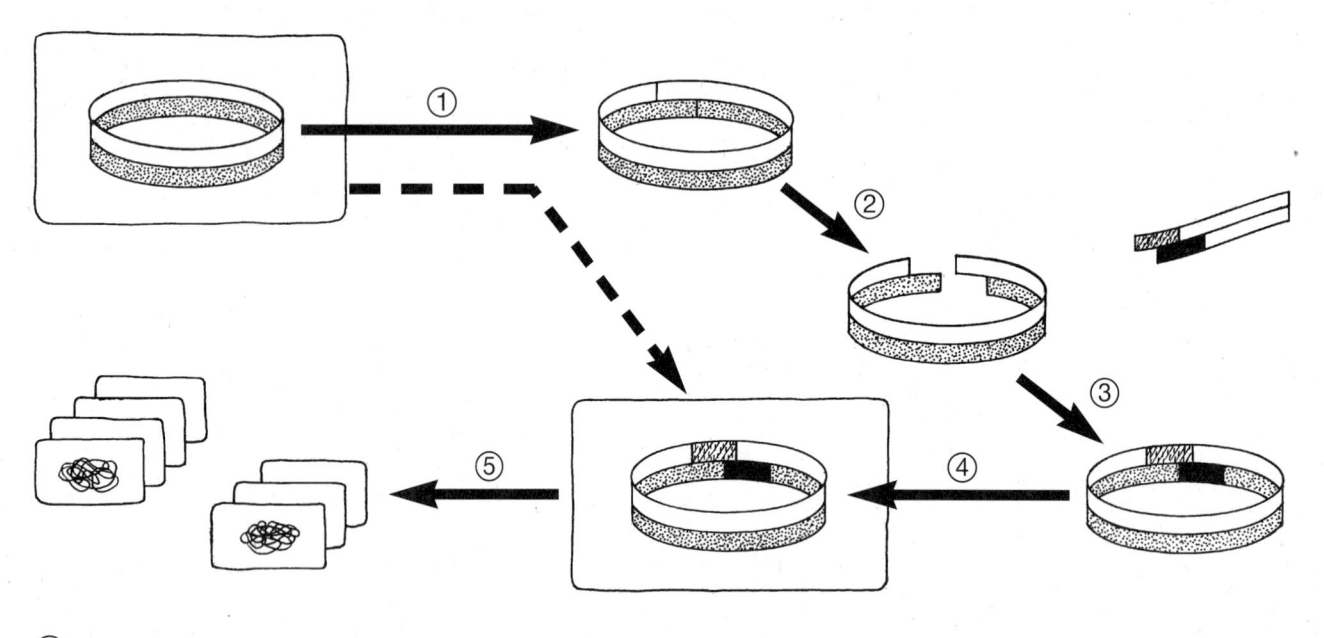

① *Entnahme der Erbinformation (Plasmid) aus einem Bakterium.*

② *Enzyme zerschneiden das Plasmid an bestimmten Stellen (chemische Scheren).*

③ *Ein isoliertes Gen eines anderen Organismus mit der gewünschten Bauvorschrift wird enzymatisch eingebaut.*

④ *Einschleusung des veränderten Plasmids in das Bakterium.*

⑤ *Vermehrung der Bakterien und damit des gewünschten Stoffes.*

Arbeitsblätter Biologie: Bakterien, Pilze, Viren und Parasiten — **Klett**

Gentechnik und Arzneimittel

Information:
Natürliche Stoffe, die äußerst selten oder/und kompliziert gebaut sind, stehen für Arzneimittel nicht in ausreichenden Mengen und Reinheit zur Verfügung.
So ist z.B. das körpereigene Hormon Insulin der Bauchspeicheldrüse für viele Diabetiker lebensnotwendig, da sie es selber nicht oder nicht ausreichend produzieren können. Bis 1990 mußte es mühsam aus den Drüsen des Schlachtviehs extrahiert und gereinigt werden. Dabei traten durch tierische Resteiweiße bei den Patienten immer wieder Unverträglichkeiten auf.
Durch gentechnisch veränderte Bakterien kann Insulin heute in ausreichend großen Mengen, absolut rein und bald auch preiswerter hergestellt werden.

Beschrifte die Verfahrensschritte zur gentechnischen Umprogrammierung eines Bakteriums.

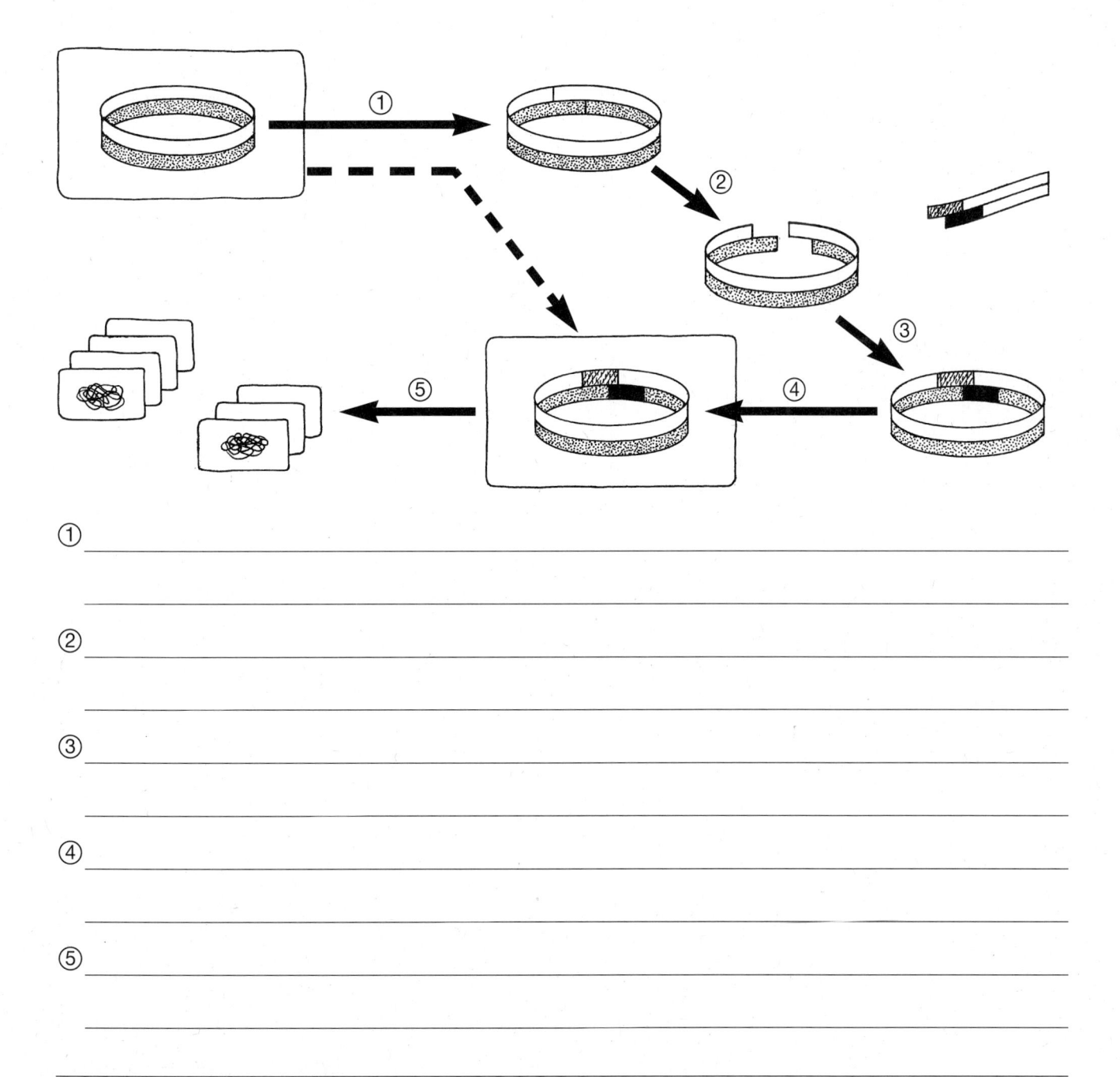

① _____

② _____

③ _____

④ _____

⑤ _____

Arbeitsblätter Biologie: Bakterien, Pilze, Viren und Parasiten — Klett

Wie man Essig herstellt

A) Herstellung zu Hause:
Wein wird ein paar Tage bei Zimmertemperatur offen stehen gelassen.

B) Herstellung im Labor (Lehrerversuch):
Im Becherglas wird hochprozentiger Alkohol mit einigen Tropfen verdünnter Schwefelsäure ⚠ (als Katalysator) und etwas Kaliumpermanganat (als Sauerstofflieferant) auf dem heizbaren Magnetrührer langsam unter schwachem Rühren erwärmt.

1. Wie kann man in den beiden Versuchen feststellen, daß sich Essig gebildet hat?

    Die Bildung einer Säure läßt sich mit einem Indikator (z.B. Lackmus) nachweisen.

    Natürlich geht es auch mit einem pH-Meter.

C) Herstellung in der Industrie (Essigfabrik)

2. Wenn du A, B und C miteinander vergleichst, kannst du sicher erschließen, wozu die verschiedenen Stoffe und Einrichtungen in der Essigfabrik dienen.

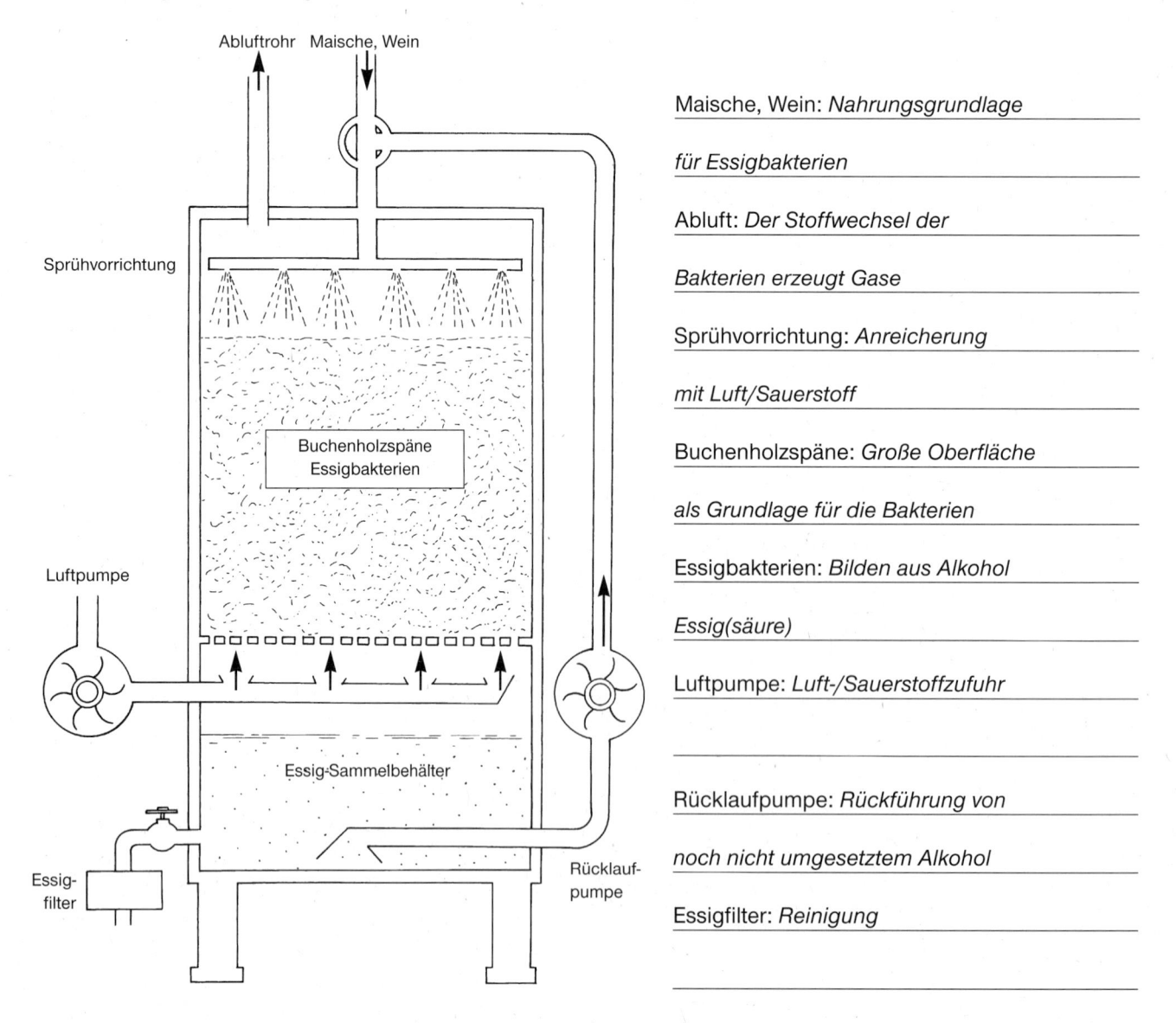

Maische, Wein: *Nahrungsgrundlage für Essigbakterien*

Abluft: *Der Stoffwechsel der Bakterien erzeugt Gase*

Sprühvorrichtung: *Anreicherung mit Luft/Sauerstoff*

Buchenholzspäne: *Große Oberfläche als Grundlage für die Bakterien*

Essigbakterien: *Bilden aus Alkohol Essig(säure)*

Luftpumpe: *Luft-/Sauerstoffzufuhr*

Rücklaufpumpe: *Rückführung von noch nicht umgesetztem Alkohol*

Essigfilter: *Reinigung*

Wie man Essig herstellt

A) Herstellung zu Hause:
Wein wird ein paar Tage bei Zimmertemperatur offen stehen gelassen.

B) Herstellung im Labor (Lehrerversuch):
Im Becherglas wird hochprozentiger Alkohol mit einigen Tropfen verdünnter Schwefelsäure ⚠ (als Katalysator) und etwas Kaliumpermanganat (als Sauerstofflieferant) auf dem heizbaren Magnetrührer langsam unter schwachem Rühren erwärmt.

1. Wie kann man in den beiden Versuchen feststellen, daß sich Essig gebildet hat?

_____

_____

C) Herstellung in der Industrie (Essigfabrik)

2. Wenn du A, B und C miteinander vergleichst, kannst du sicher erschließen, wozu die verschiedenen Stoffe und Einrichtungen in der Essigfabrik dienen.

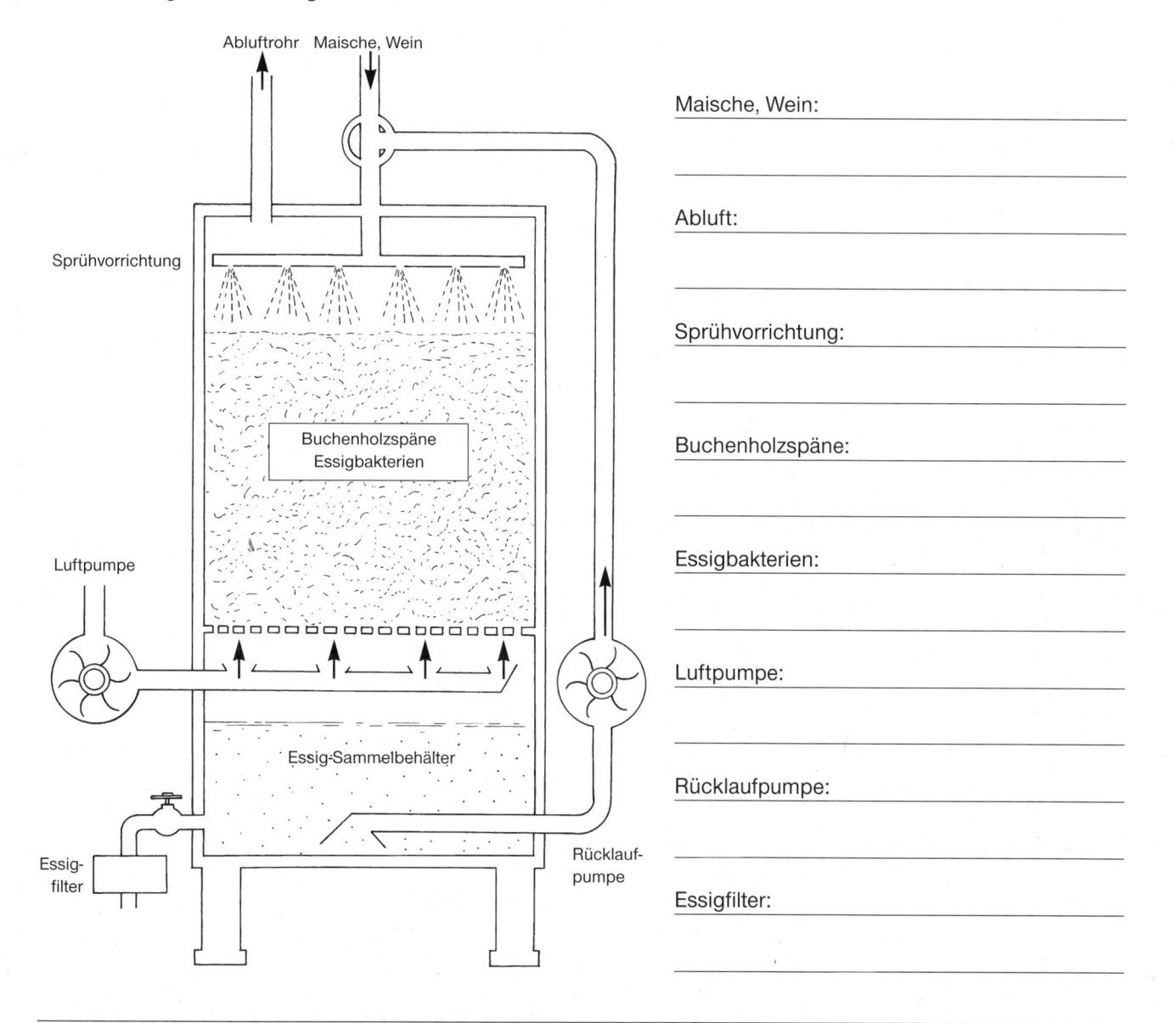

Maische, Wein: _____

Abluft: _____

Sprühvorrichtung: _____

Buchenholzspäne: _____

Essigbakterien: _____

Luftpumpe: _____

Rücklaufpumpe: _____

Essigfilter: _____

Arbeitsblätter Biologie: Bakterien, Pilze, Viren und Parasiten

Schlangenseren

50

Von den ca. 300 Giftschlangen ist bei uns nur die Kreuzotter beheimatet. Weltweit hat man aber gegen die meisten Schlangengifte Heilseren entwickelt.

1. Mit deinen Kenntnissen zur Immunisierung kannst du sicher die Phasen von Herstellung bis Anwendung eines Schlangenserums beschriften.

Einspritzung kleiner Giftmengen

Erhöhung der Giftmenge (Dosis)

Bildung von Antitoxinen gegen das Schlangengift

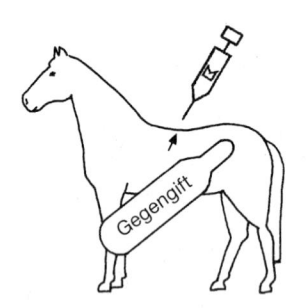

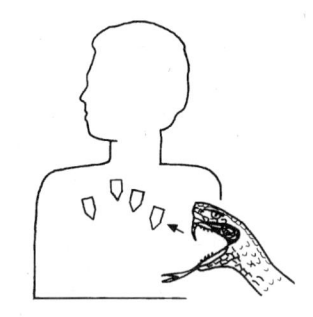

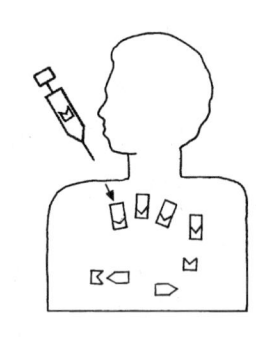

Blutentnahme und Aufbereitung des Gegengifts (Antitoxins)

Gift verteilt sich nach Biß im Körper

Eingespritzte Antitoxine fangen Giftstoffe ab

2. Kreuze an, handelt es sich hierbei um: ◯ Aktive oder ⊗ Passive Immunisierung

3. Worin liegen bei einer Behandlung gegen Schlangengift die Unterschiede zu einer Immunisierung gegen Krankheitserreger?

   Viele passive Immunisierungen durch Heilseren enthalten Antikörper

   gegen den Erreger; einige jedoch, wie beim Schlangenserum, Antitoxine (Gegengifte),

   also Stoffe, die nicht gegen einen Erreger, sondern gegen Stoffwechselgifte

   gerichtet sind.

Arbeitsblätter Biologie: Bakterien, Pilze, Viren und Parasiten **Klett**

Schlangenseren

Von den ca. 300 Giftschlangen ist bei uns nur die Kreuzotter beheimatet. Weltweit hat man aber gegen die meisten Schlangengifte Heilseren entwickelt.

1. Mit deinen Kenntnissen zur Immunisierung kannst du sicher die Phasen von Herstellung bis Anwendung eines Schlangenserums beschriften.

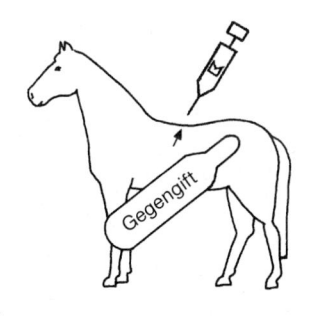

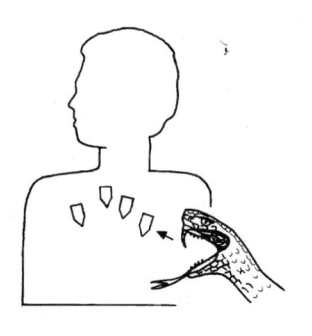

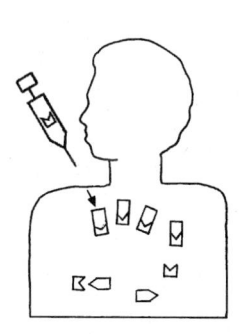

_____

_____

_____

_____

_____

_____

2. Kreuze an, handelt es sich hierbei um: ◯ Aktive oder ◯ Passive Immunisierung

3. Worin liegen bei einer Behandlung gegen Schlangengift die Unterschiede zu einer Immunisierung gegen Krankheitserreger?

_____

_____

_____

_____

Arbeitsblätter Biologie: Bakterien, Pilze, Viren und Parasiten

Klett

© Ernst Klett Schulbuchverlag GmbH, Stuttgart 1995
Von diesen Vorlagen ist die Vervielfältigung für den eigenen Unterrichtsgebrauch gestattet. Die Kopiergebühren sind abgegolten.

ISBN 3-12-031020-4

Isolierung einer Reinkultur

52

1. Sortiere die Abbildungen mit Hilfe des Textes in der richtigen Reihenfolge und benenne die Schritte.

Information:
Mikroorganismen sind Teile von Ökosystemen (Boden, Wasser) und damit stets mit anderen vergesellschaftet (Mischkultur). Sie sind gegenseitig voneinander abhängig oder machen sich Konkurrenz.
Will man die Stoffwechsel-Leistung eines bestimmten Mikroorganismus optimal ausnutzen, so benötigt man ihn in Reinkultur. Damit wird verhindert, daß z.B. gewünschte Stoffe wieder von anderen Konkurrenten weiterverarbeitet werden oder andere unerwünschte Stoffe sich ebenfalls anreichern.
Zur Isolierung verwendet man verschiedene Verfahren oder deren Kombination. Zunächst selektiert man aus der Vielzahl der Arten einige wenige, indem man ihnen bestimmte Nähr- und Wachstumsbedingungen bietet. So überleben in einem stickstofffreien oder sehr saurem Milieu nur wenige Arten. Die Überlebenden werden ausplattiert und wachsen zu Kolonien heran. Die einzelnen Kolonien unterzieht man einer „bunten Reihe", indem man ihnen die verschiedensten Stoffe für ihren Stoffwechsel anbietet. So lassen sich z.B. nicht nur Bakteriengattungen, sondern sogar Bakterienarten durch ihre Stoffwechsel-Leistungen identifizieren und damit isolieren. Diese Rein- oder Stammkulturen sind der Ausgangspunkt für die Vermehrung und Nutzung in Großfermentern (150.000 l).

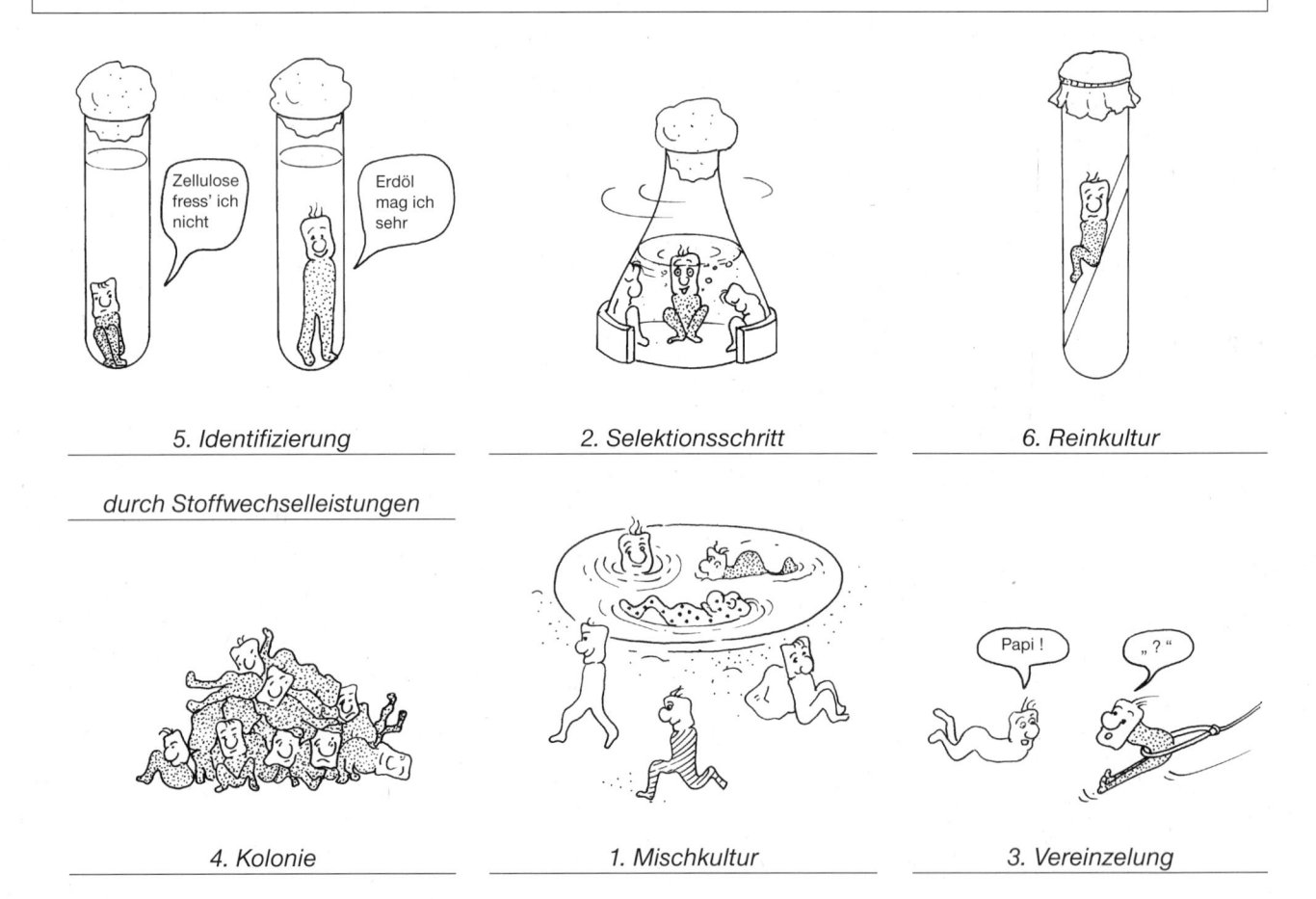

5. Identifizierung

durch Stoffwechselleistungen

2. Selektionsschritt

6. Reinkultur

4. Kolonie

1. Mischkultur

3. Vereinzelung

2. Nenne die Hauptvorteile von Reinkulturen.

a) *Angebotene Stoffe werden stets in der gleichen Art verarbeitet.*

b) *Erwünschte Stoffe entstehen in maximaler Reinheit und Menge.*

c) *Die Haltungsbedingungen können standardisiert werden.*

Arbeitsblätter Biologie: Bakterien, Pilze, Viren und Parasiten **Klett**

Isolierung einer Reinkultur

53

1. Sortiere die Abbildungen mit Hilfe des Textes in der richtigen Reihenfolge und benenne die Schritte.

Information:
Mikroorganismen sind Teile von Ökosystemen (Boden, Wasser) und damit stets mit anderen vergesellschaftet (Mischkultur). Sie sind gegenseitig voneinander abhängig oder machen sich Konkurrenz.
Will man die Stoffwechsel-Leistung eines bestimmten Mikroorganismus optimal ausnutzen, so benötigt man ihn in Reinkultur. Damit wird verhindert, daß z.B. gewünschte Stoffe wieder von anderen Konkurrenten weiterverarbeitet werden oder andere unerwünschte Stoffe sich ebenfalls anreichern.
Zur Isolierung verwendet man verschiedene Verfahren oder deren Kombination. Zunächst selektiert man aus der Vielzahl der Arten einige wenige, indem man ihnen bestimmte Nähr- und Wachstumsbedingungen bietet. So überleben in einem stickstofffreien oder sehr sauren Milieu nur wenige Arten. Die Überlebenden werden ausplattiert und wachsen zu Kolonien heran. Die einzelnen Kolonien unterzieht man einer „bunten Reihe", indem man ihnen die verschiedensten Stoffe für ihren Stoffwechsel anbietet. So lassen sich z.B. nicht nur Bakteriengattungen, sondern sogar Bakterienarten durch ihre Stoffwechsel-Leistungen identifizieren und damit isolieren. Diese Rein- oder Stammkulturen sind der Ausgangspunkt für die Vermehrung und Nutzung in Großfermentern (150.000 l).

2. Nenne die Hauptvorteile von Reinkulturen.

a) _____

b) _____

c) _____

Arbeitsblätter Biologie: Bakterien, Pilze, Viren und Parasiten **Klett**

Biotechnik: Großfermenter

Information:
Großfermenter oder Bioreaktoren sind kostspielige und technisch aufwendige Apparaturen, in denen im 150.000 l Maßstab z.B. Bakterien ihre Stoffwechselprodukte herstellen. Ausgehend von der Schrägagarkultur (Stamm- oder Reinkultur) wird der gewünschte Mikroorganismus in immer größerer Dimension herangezüchtet. Über die Vermehrungsschritte Schüttel-, Rührkultur und Vorfermenter (30 l) wird die Verweilzeit im Großfermenter auf minimale Zeit begrenzt (Kosten); außerdem können so vor dem Einsatz im hochsterilen Produktionsfermenter Fremdkeime und Infektionen der Kultur frühzeitig erkannt werden.
Im Großfermenter müssen die Bakterien bei diskontinuierlichem Betrieb evtl. bis 100 Stunden optimal arbeiten. Während sie heranwachsen und ihr Stoffwechsel maximal angekurbelt wird, ändern sich in dem Fermenter zahlreiche Faktoren, die durch technische Steuerung möglichst konstant gehalten werden müssen.

Stark vereinfachtes Schema eines BIOREAKTORS/GROSSFERMENTERS

Ordne den Begriffen die richtigen Zahlen zu.

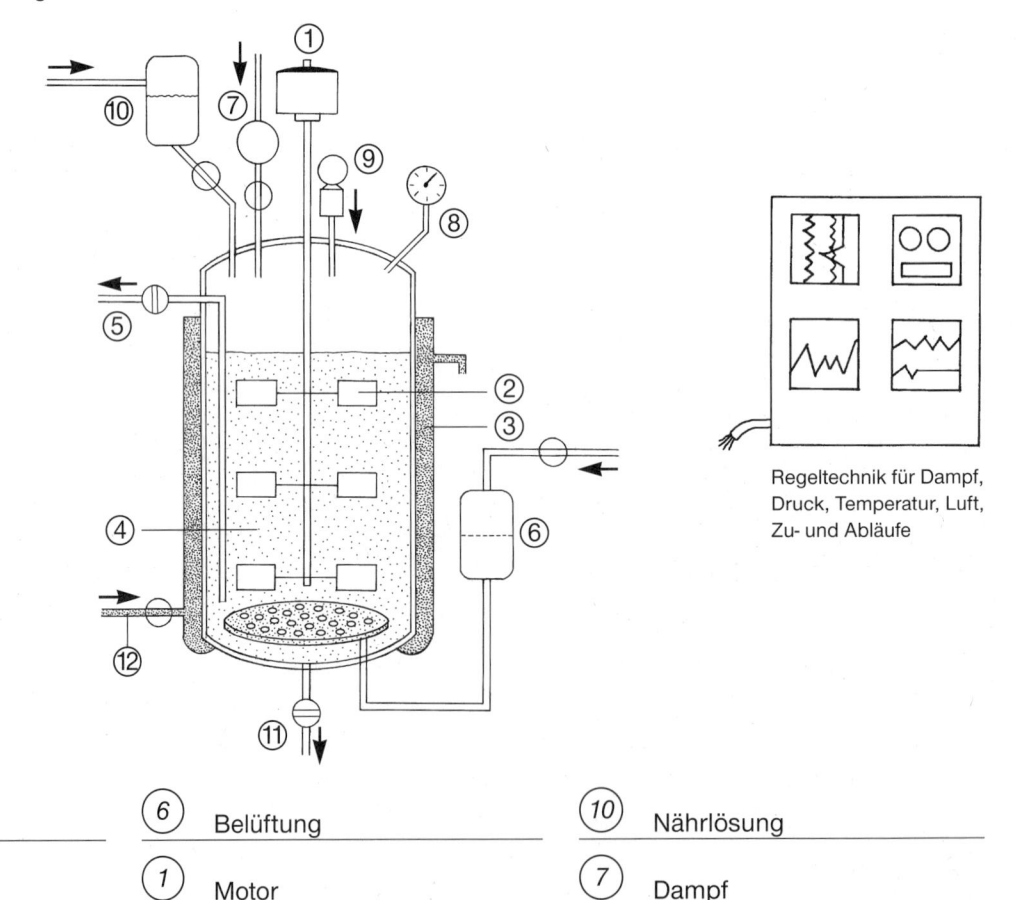

Regeltechnik für Dampf, Druck, Temperatur, Luft, Zu- und Abläufe

(3) Kühlmantel	(6) Belüftung	(10) Nährlösung
(5) Probeentnahme	(1) Motor	(7) Dampf
(12) Kühlwasserzulauf	(9) Säure/Basezulauf	(4) Fermenterinhalt
(8) Druckanzeige	(11) Ablauf/Entleerung	(2) Rührwerk

Arbeitsblätter Biologie: Bakterien, Pilze, Viren und Parasiten — Klett

Biotechnik: Großfermenter

Information:
Großfermenter oder Bioreaktoren sind kostspielige und technisch aufwendige Apparaturen, in denen im 150.000 l Maßstab z.B. Bakterien ihre Stoffwechselprodukte herstellen. Ausgehend von der Schrägagarkultur (Stamm- oder Reinkultur) wird der gewünschte Mikroorganismus in immer größerer Dimension herangezüchtet. Über die Vermehrungsschritte Schüttel-, Rührkultur und Vorfermenter (30 l) wird die Verweilzeit im Großfermenter auf minimale Zeit begrenzt (Kosten); außerdem können so vor dem Einsatz im hochsterilen Produktionsfermenter Fremdkeime und Infektionen der Kultur frühzeitig erkannt werden.

Im Großfermenter müssen die Bakterien bei diskontinuierlichem Betrieb evtl. bis 100 Stunden optimal arbeiten. Während sie heranwachsen und ihr Stoffwechsel maximal angekurbelt wird, ändern sich in dem Fermenter zahlreiche Faktoren, die durch technische Steuerung möglichst konstant gehalten werden müssen.

Stark vereinfachtes Schema eines BIOREAKTORS/GROSSFERMENTERS

Ordne den Begriffen die richtigen Zahlen zu.

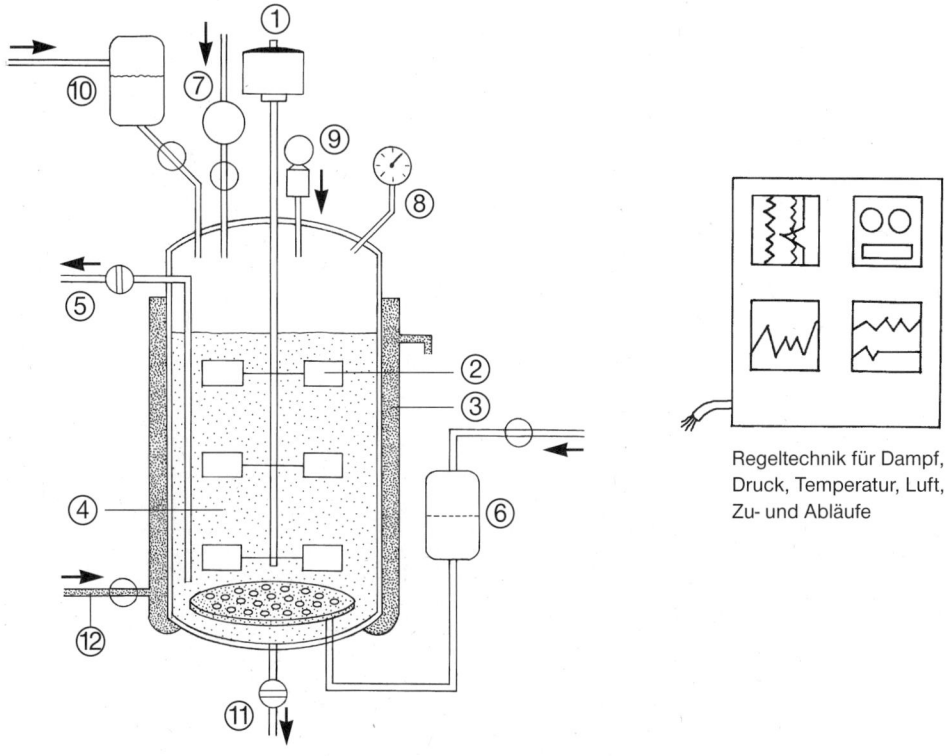

Regeltechnik für Dampf, Druck, Temperatur, Luft, Zu- und Abläufe

- ◯ Kühlmantel
- ◯ Probeentnahme
- ◯ Kühlwasserzulauf
- ◯ Druckanzeige
- ◯ Belüftung
- ◯ Motor
- ◯ Säure/Basezulauf
- ◯ Ablauf/Entleerung
- ◯ Nährlösung
- ◯ Dampf
- ◯ Fermenterinhalt
- ◯ Rührwerk

Arbeitsblätter Biologie: Bakterien, Pilze, Viren und Parasiten

Abwasserreinigung in einer Kläranlage

Schneide die Puzzleteile aus und montiere sie in deinem Heft zum vollständigen Schema der Abwasserreinigung in einer dreistufigen Kläranlage.
Kennzeichne sodann die drei Stufen und gib an, was dort passiert.
Numeriere die einzelnen Maßnahmen in der Kläranlage von links nach rechts und erläutere sie.

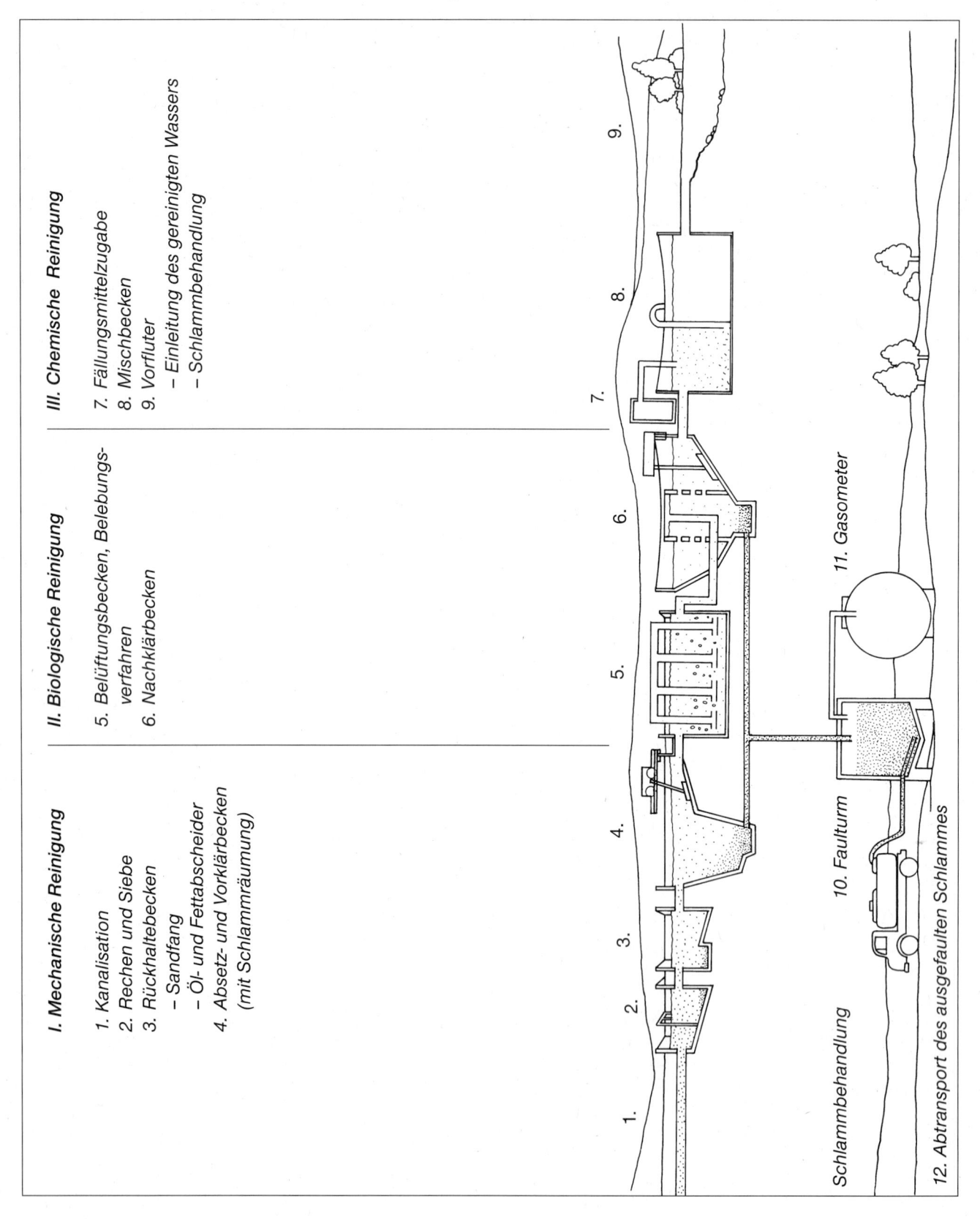

I. Mechanische Reinigung

1. Kanalisation
2. Rechen und Siebe
3. Rückhaltebecken
   - Sandfang
   - Öl- und Fettabscheider
4. Absetz- und Vorklärbecken (mit Schlammräumung)

II. Biologische Reinigung

5. Belüftungsbecken, Belebungsverfahren
6. Nachklärbecken

III. Chemische Reinigung

7. Fällungsmittelzugabe
8. Mischbecken
9. Vorfluter
   - Einleitung des gereinigten Wassers
   - Schlammbehandlung

10. Faulturm
11. Gasometer
12. Abtransport des ausgefaulten Schlammes

Schlammbehandlung

Arbeitsblätter Biologie: Bakterien, Pilze, Viren und Parasiten   Klett

Abwasserreinigung in einer Kläranlage

Schneide die Puzzleteile aus und montiere sie in deinem Heft zum vollständigen Schema der Abwasserreinigung in einer dreistufigen Kläranlage.
Kennzeichne sodann die drei Stufen und gib an, was dort passiert.
Numeriere die einzelnen Maßnahmen in der Kläranlage von links nach rechts und erläutere sie.

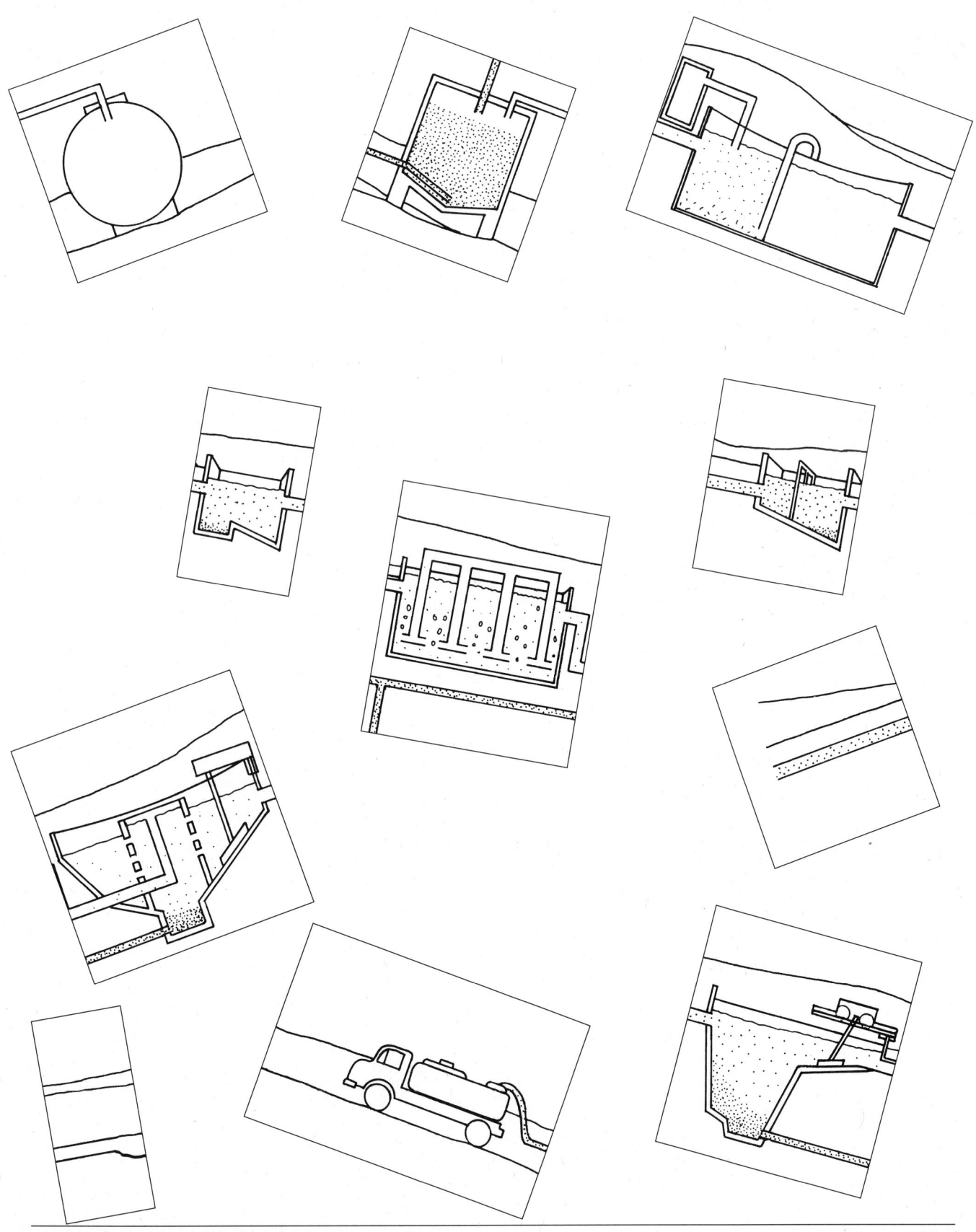

Arbeitsblätter Biologie: Bakterien, Pilze, Viren und Parasiten Klett

© Ernst Klett Schulbuchverlag GmbH, Stuttgart 1995 ISBN 3-12-031020-4
Von diesen Vorlagen ist die Vervielfältigung für den eigenen Unterrichtsgebrauch gestattet. Die Kopiergebühren sind abgegolten.

Mikroorganismen und biotechnologische Produkte

1. Leider hat der Grafiker in der Abbildung verhängnisvolle Fehler begangen: Die Kreise sind alle gegeneinander verdreht. Schneide die Kreisringe aus. Ordne sie durch Drehen richtig an und klebe sie dann in deinem Heft fest.

2. Gib den einzelnen Ringen (A bis D) Namen im Sinne von Überschriften.

   A: *Gruppen von Mikroorganismen in der Biotechnologie*

   B: *Beispiele für bestimmte Organismen, die Stoffe herstellen oder verändern*

   C: *Verfahren bzw. Stoffe, die von Mikroorganismen hergestellt oder verändert werden*

   D: *Bereiche, in denen Mikroorganismen Hilfestellung leisten*

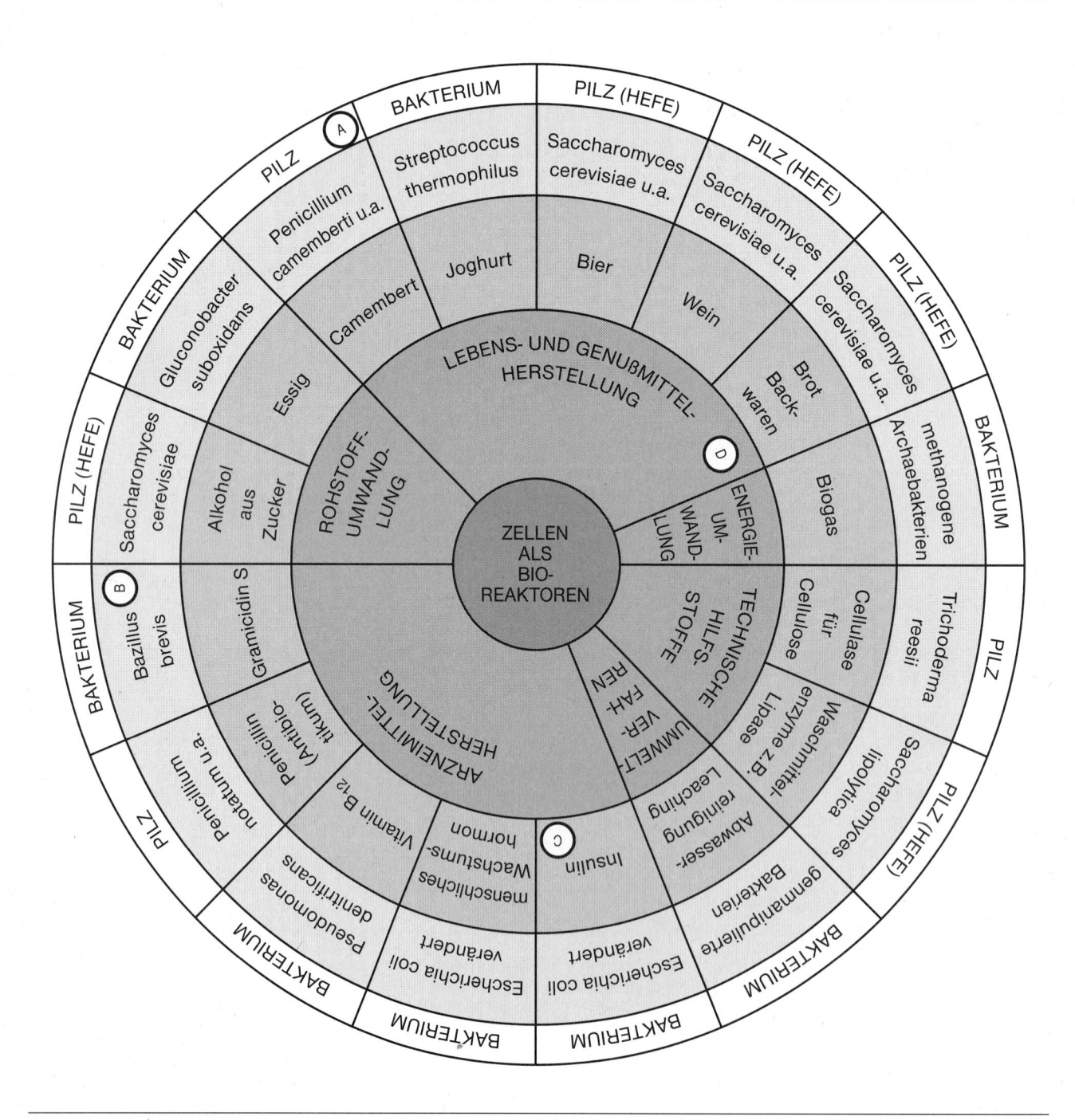

Mikroorganismen und biotechnologische Produkte 59

1. Leider hat der Grafiker in der Abbildung verhängnisvolle Fehler begangen: Die Kreise sind alle gegeneinander verdreht. Schneide die Kreisringe aus. Ordne sie durch Drehen richtig an und klebe sie dann in deinem Heft fest.

2. Gib den einzelnen Ringen (A bis D) Namen im Sinne von Überschriften.

A: _____

B: _____

C: _____

D: _____

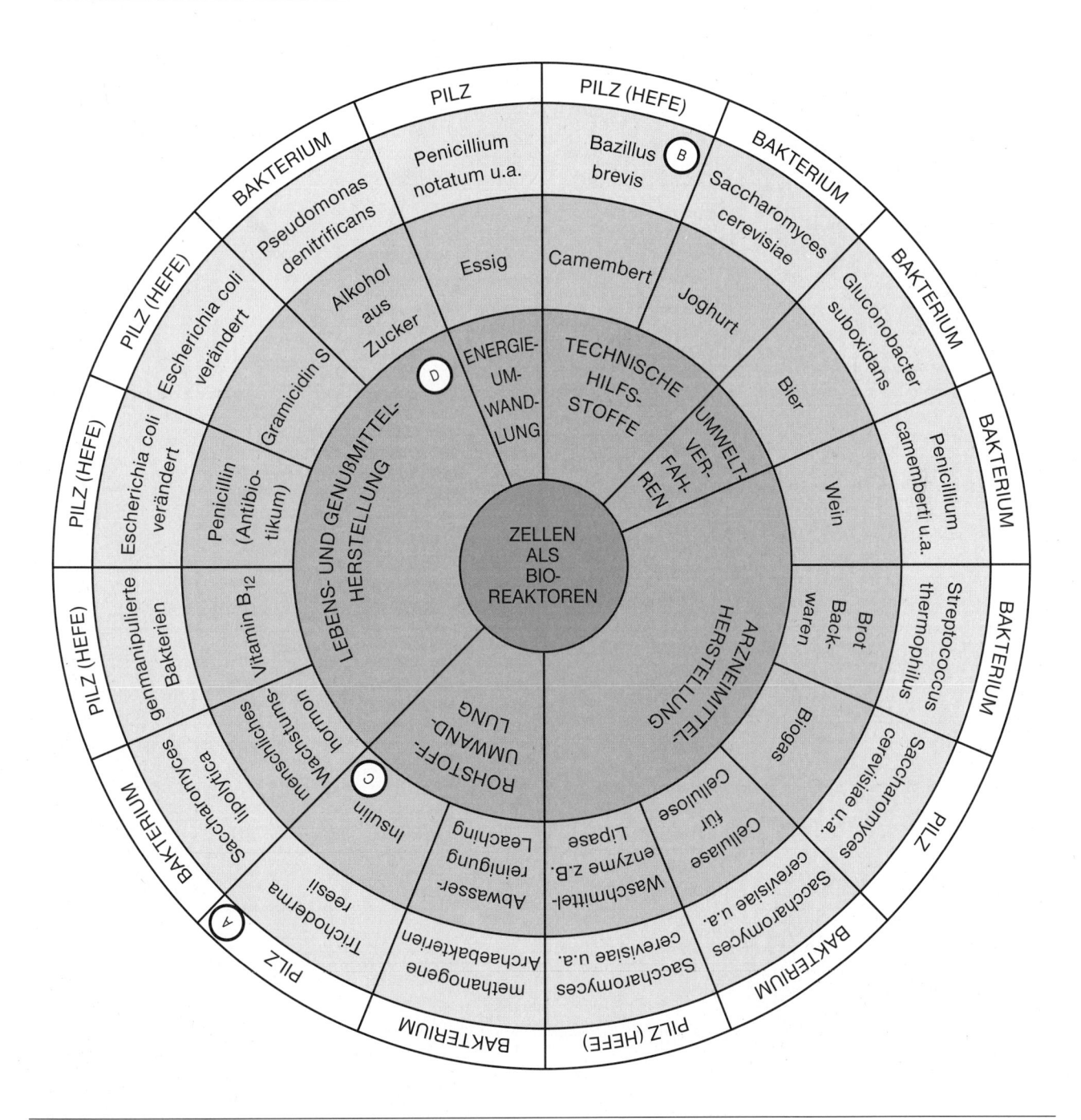

Arbeitsblätter Biologie: Bakterien, Pilze, Viren und Parasiten Klett

© Ernst Klett Schulbuchverlag GmbH, Stuttgart 1995   ISBN 3-12-031020-4
Von diesen Vorlagen ist die Vervielfältigung für den eigenen Unterrichtsgebrauch gestattet. Die Kopiergebühren sind abgegolten.

"Schädlings"bekämpfung I

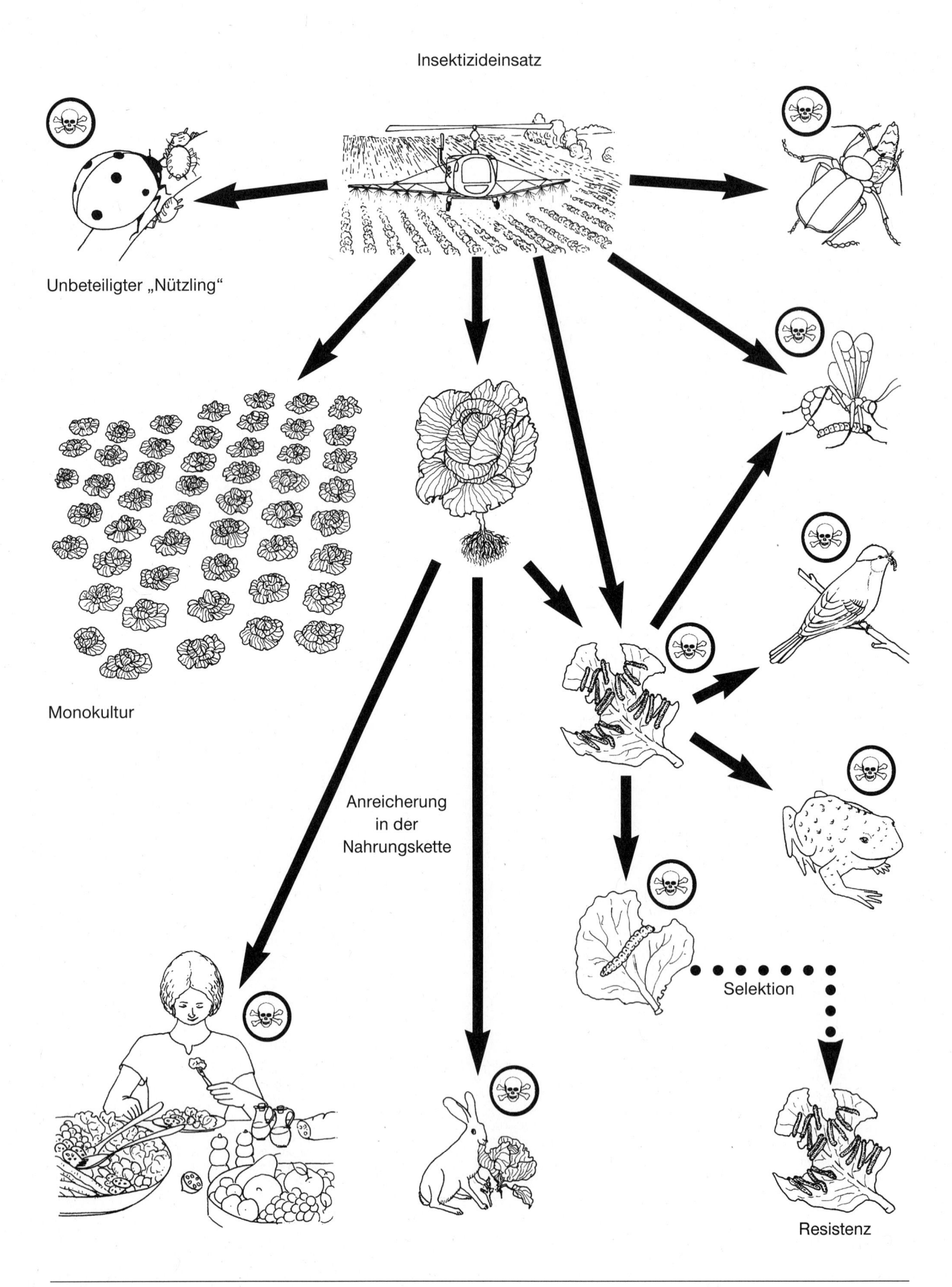

Insektizideinsatz

Unbeteiligter „Nützling"

Monokultur

Anreicherung in der Nahrungskette

Selektion

Resistenz

„Schädlings"bekämpfung I

Information:
Die Raupen des Kohlweißlings richten in Kohlmonokulturen enormen wirtschaftlichen Schaden an.
Der Einsatz herkömmlicher Insektizide (Insektenvernichtungsmittel) bzw. sogenannter „Pflanzenschutzmittel" führt zu einer Anreicherung der Giftstoffe in der Nahrungskette. So sterben häufig viele unbeteiligte „Nützlinge". Resistenzen können sich auch herausbilden. Haben sich Resistenzen gebildet, muß entweder mit jedem Einsatz mehr von dem Mittel oder ein neues Mittel eingesetzt werden.

Schneide den Informationskasten und die Abbildungsteile aus und montiere sie in deinem Heft auf der linken einer freien Doppelseite zu einem Schema, welches die Konsequenzen eines herkömmlichen Insektizideinsatzes verdeutlicht. Verbinde die Abbildungsteile mit Pfeilen. Benutze die Totenköpfe für Tod oder Anreicherung des Giftstoffes.

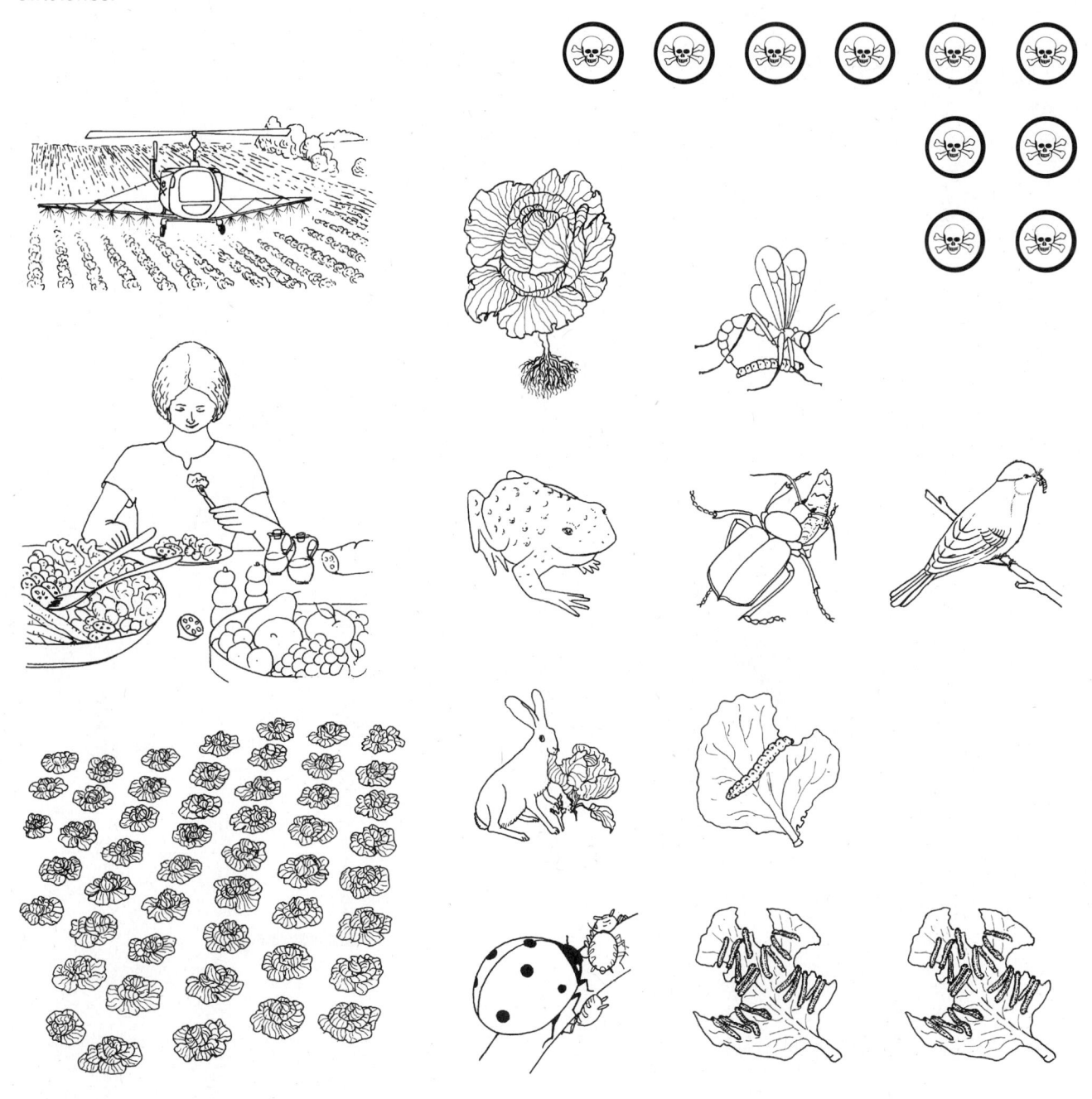

Arbeitsblätter Biologie: Bakterien, Pilze, Viren und Parasiten   **Klett**

© Ernst Klett Schulbuchverlag GmbH, Stuttgart 1995   ISBN 3-12-031020-4
Von diesen Vorlagen ist die Vervielfältigung für den eigenen Unterrichtsgebrauch gestattet. Die Kopiergebühren sind abgegolten.

„Schädlings"bekämpfung II

Ausbringung von *Bazillus thuringiensis*

Monokultur

Alle „Nützlinge" bleiben unbehelligt

Keine Auswirkung in der Nahrungskette

Überlebende und tote Raupen werden von den „Nützlingen" (ohne Nebenwirkungen) aufgenommen.

Arbeitsblätter Biologie: Bakterien, Pilze, Viren und Parasiten — Klett

© Ernst Klett Schulbuchverlag GmbH, Stuttgart 1995
Von diesen Vorlagen ist die Vervielfältigung für den eigenen Unterrichtsgebrauch gestattet. Die Kopiergebühren sind abgegolten.

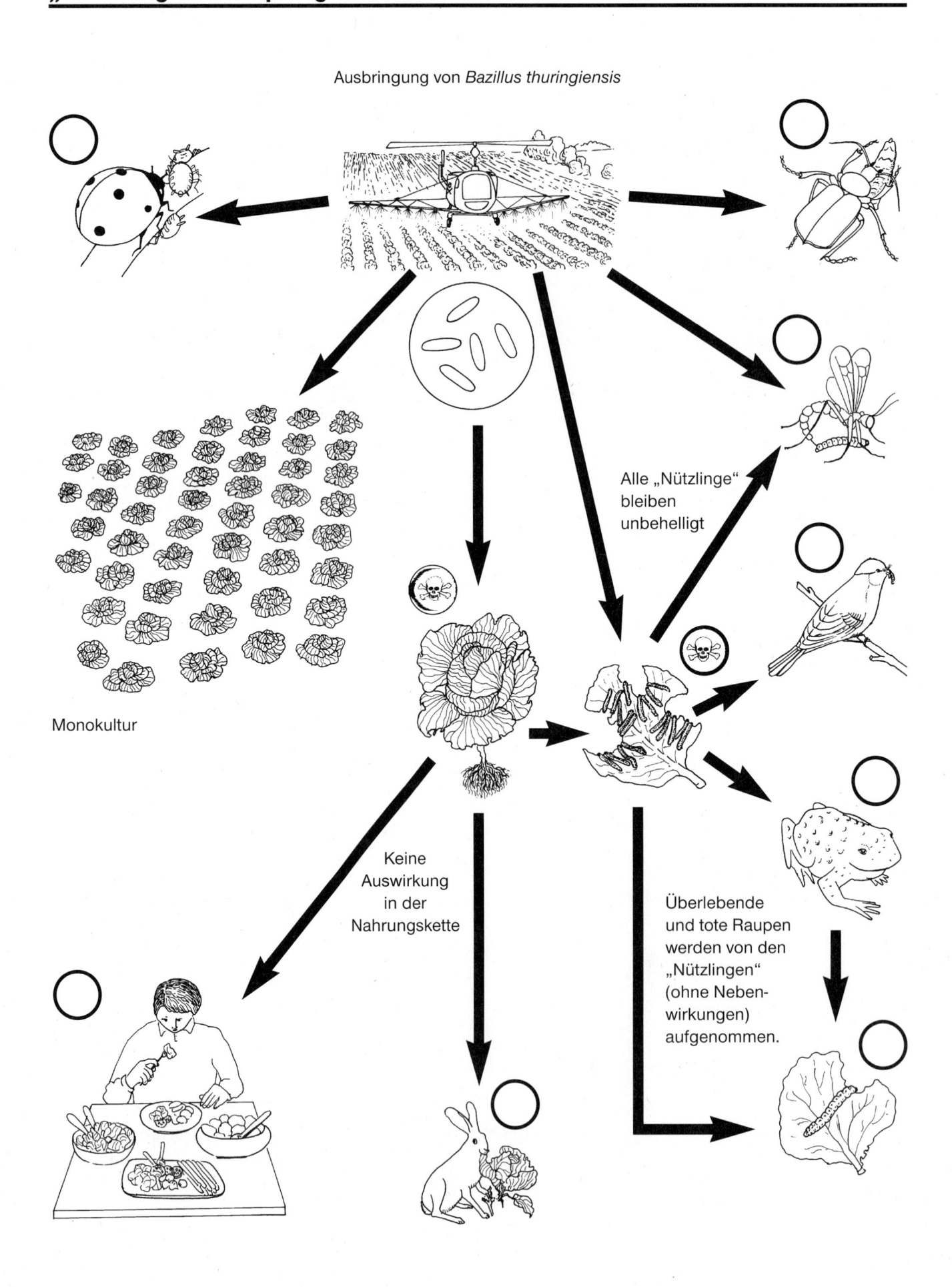

ISBN 3-12-031020-4

„Schädlings"bekämpfung II

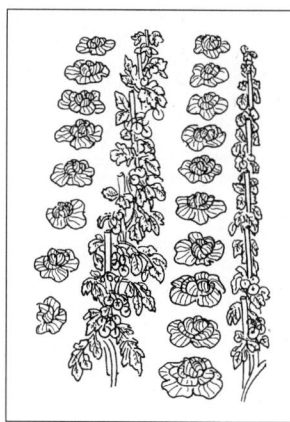

Information:
Neben den chemischen gibt es auch zahlreiche biologische Verfahren zur Vernichtung unerwünschter „Schädlinge", z.B. schützende Mischkulturen (Kohl mit Tomaten) oder Pheromonfallen.
Mit dem *Bazillus thuringiensis* steht ein hochspezifischer Erreger zur Verfügung, der ausschließlich Raupendärme zerstört, eine Auswirkung auf andere Tiergruppen oder den Menschen in der Nahrungskette ist ausgeschlossen. Ohne die Vermehrung in Raupendärmen stirbt das Bakterium wieder aus. Auch getötete Raupen können von Tieren ohne negative Auswirkung gefressen werden.

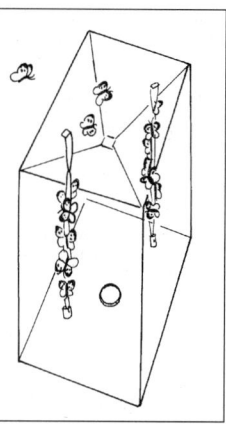

Schneide den Informationskasten und die Abbildungsteile aus und benutze diesmal die rechte Hälfte der Doppelseite deines Heftes. Haben die Besprühung oder Fraß keine Auswirkung, so verwende die neutralen Kreise.

Arbeitsblätter Biologie: Bakterien, Pilze, Viren und Parasiten

Bakterien sind vielseitig

Entnimm dem folgenden Fachtext die Arbeitsanleitungen und benötigten Zutaten und führe den Versuch zu Hause in der Küche durch! Leider ist eine Durchführung in der Schule wegen der fehlenden Keimfreiheit der Gerätschaften meist nicht möglich.
Vergiß nicht, nach Abschluß der Arbeiten Mutters Küche wieder aufzuräumen!

Joghurt selbstgemacht

Der säuerliche Geschmack von Joghurt (i.w. Milchsäure) entstammt der Stoffwechseltätigkeit sogenannter Joghurtbakterien (*Streptococcus thermophilus* und *Lactobacillus bulgaricus*). Erfunden wurde Joghurt wohl im Mittleren Osten, denn in den warmen Ländern hält sich reine Milch nicht sehr lange. Die Joghurtbakterien unterdrücken die Tätigkeit anderer Milchsäurebakterien. Das Pasteurisieren zu haltbarer Milch (H-Milch) tötet alle Milchsäurebakterien ab, so daß solche Milch nicht mehr sauer, sondern nur noch durch Fäulnisbakterien ungenießbar werden kann. Die Milchsäure des Joghurts läßt diesen Fäulnisbakterien kaum eine Chance.
Die Herstellung von eigenem Joghurt ist denkbar einfach – absolute Keimfreiheit / Sauberkeit vorausgesetzt! Benötigt wird – je nach gewünschter Menge Joghurt – **1 l handelsübliche Trinkmilch** und **ein Naturjoghurt** mit lebenden Kulturen (also nicht wärmebehandelt). Obwohl die zur Verwendung kommende Milch sicher pasteurisiert wurde, enthält sie noch zahlreiche Bakterien, die wir nicht mitvermehren sollten und daher zunächst abtöten: Die Milch wird vorsichtig im **Kochtopf** auf 95°C erhitzt (Vorsicht! Nicht überkochen/kochen lassen), der Topf geschlossen und im **Wasserbad** auf 35°C (Thermometer) abgekühlt. Zwischenzeitlich werden die **leeren Joghurtbecher** oder **Gläschen** peinlichst sauber heiß gespült und umgekehrt zum Abtropfen aufgestellt. Hat die Milch die 35°C erreicht (bei 45°C sterben die Joghurtorganismen!!!), so gibt man **1 Teelöffel** des Naturjoghurts zu und rührt um. Der restliche Joghurt darf verspeist werden. Unseren Impfansatz verteilen wir auf unsere Gläschen und verschließen sie sofort mit **Deckel** oder **Folie**. Von nun an müssen die Gläschen bei möglichst 35°C für etwa 8 Stunden ruhig stehen. Zur Aufrechterhaltung dieser Temperatur bieten sich verschiedene Möglichkeiten an:
a) herkömmlicher **elektrischer Joghurtbereiter/-wärmer**, b) Verwendung einer nicht zu großen „**Kühltasche**", c) Wärmezufuhr von der **Heizung** unter Kontrolle oder d) Bau einer passenden **Wärmekiste** (zwei ineinander passende Kistchen in deren Zwischenraum – inklusive Boden und Deckel – Styropor oder Verpackungschips eingebracht wurden).
Hat sich der Joghurt nach etwa 8 Stunden verfestigt, so stellen wir ihn in den **Kühlschrank**. Anderenfalls bebrüten wir ihn noch weiter; lassen wir ihn jedoch zu lange reifen, so wird der Joghurt immer saurer, da die Bakterien nun den gesamten Milchzucker der Milch zu Milchsäure umarbeiten.
Unser selbstgemachter Joghurt hält sich verschlossen im Kühlschrank knapp eine Woche.
Von nun an können wir – Sauberkeit vorausgesetzt – immer wieder mit einem Teelöffel unseres Joghurts eine neue Serie starten. Sollten allerdings mit der Zeit Fremdkeime auftreten und der Joghurt merkwürdig aussehen, riechen oder schmecken, so sollten wir ihn nicht verzehren und mit einem käuflichen Joghurt wieder von vorne anfangen. Überflüssig zu sagen, daß man den Joghurt nach persönlichem Geschmack mit Früchten, Körnern, Marmelade oder Schokoladensauce verfeinern kann.

Ähnlich einfach lassen sich auch Dickmilch und Quark herstellen. Auch die Kefirherstellung gelingt leicht, dazu muß man jedoch aus dem Reformhaus eine Kefirkultur / Kefirkörner (Lebensgemeinschaft aus Lactobazillen, Streptokokken, Mikrokokken und Hefepilzen) besorgen.

Milchsäurebakterien sind aber noch weit vielseitiger: Butter, Sauerkraut und Käse gelingen durch ihre Hilfe. Die Butterherstellung gelingt eigentlich auch ohne die Bakterien, jedoch ist die Beschaffung der aromabildenden Mischkultur (*Streptococcus lactis* und *cremoris* sowie *Leuconostoc cremoris*) aus der Molkerei für eine gute Sauerrahmbutter sehr zu empfehlen. Sauerkraut stellt man am besten aus frischem Weißkohl her. Es findet hier eine Verdrängungsreaktion statt, bei der das zugegebene Salz nur wenige Bakterien (*Leuconostoc mesenteroides*), die auf dem Kohl eingeschleppt werden, überleben läßt. Die Herstellung von Weich- und Hartkäse ist ebenfalls möglich, aber äußerst aufwendig und langwierig. Kulturen von Käse-Mikroorganismen und Lab beschafft man sich aus dem Reformhaus oder der Molkerei.

Arbeitsblätter Biologie: Bakterien, Pilze, Viren und Parasiten

Neue Spezialisten 65

Immer wieder neue extreme Vorkommen und Vorlieben der Bakterien werden entdeckt. So sind Bakterien bekannt, die in über 90°C heißen Quellen oder solche, die im Eis der Arktis leben oder mit Vorliebe Erdöl oder Kunststoffe fressen. Kannst du erklären, warum die Wissenschaftler sehr erstaunt waren, als sie im Magen des Menschen Bakterien (*Helicobacter pylori*) entdeckten?

_____

_____

Der spiralförmige Keim (*Helicobacter pylori*) wird jetzt für die Mehrzahl der Gastritiserkrankungen verantwortlich gemacht. Was versteht man unter einer Gastritis?

_____

_____

Mit einem Trick entzieht sich das Bakterium der Vernichtung durch die Säure, es versteckt sich zwischen Magenwand und Magenschleimhaut. Es spaltet dort vorhandenen Harnstoff u.a. zu Ammoniak und neutralisiert so die Säure in seiner Umgebung.
Die Übertragung der Bakterien von Mensch zu Mensch erfolgt vermutlich über den Mund sowie über Trinkwasser und Lebensmittel. Man schätzt, daß rund 1 Million Deutsche es bereits beherbergen.
Sicher gibt es neben diesem unverdaulichen Genossen auch andere Ursachen, die zumindest ebenfalls eine Gastritis mit ihren quälenden Schmerzen begünstigen. Nenne einige:

_____

_____

Treffen solche Faktoren mit dem Bakterium zusammen, so kommen auf das Konto dieses Spiralbakteriums 80% der Magengeschwüre und 95% der Zwölffingerdarmgeschwüre. Überlege, wie man dem Bakterium zu Leibe rücken kann:

_____

_____

Der finnische Pathologe PENTTI SIPPONEN macht das Bakterium *Helicobacter pylori* für fast 80% der Magenkrebserkrankungen verantwortlich. Somit wäre es das bisher einzig bekannte Bakterium, das Krebs auslösen könnte.

-------------------------------✂------------------

Musterlösung:
* Die aggressive Salzsäure des Magens sollte nach Lehrbuchmeinung alle eingedrungenen Bakterien sicher töten.
* Entzündung der Magenschleimhaut, hervorgerufen durch Bakterien, Viren, chemische Reizstoffe oder verdorbene Lebensmittel.
* Rauchen, Alkohol, scharf gewürzte Speisen, hohe Nitrat- oder Kochsalzaufnahme, genetische Veranlagung, Streß.
* Veränderung des Säuregehaltes im Magen (Säureblocker), Antibiotika.

Arbeitsblätter Biologie: Bakterien, Pilze, Viren und Parasiten **Klett**

© Ernst Klett Schulbuchverlag GmbH, Stuttgart 1995 · ISBN 3-12-031020-4
Von diesen Vorlagen ist die Vervielfältigung für den eigenen Unterrichtsgebrauch gestattet. Die Kopiergebühren sind abgegolten.

Reduzenten in ihrer Umwelt 66

Energie

Sauerstoff

Kohlenstoffdioxid

Konsument

Nahrung

Produzent

Tote organische Substanz

Reduzenten

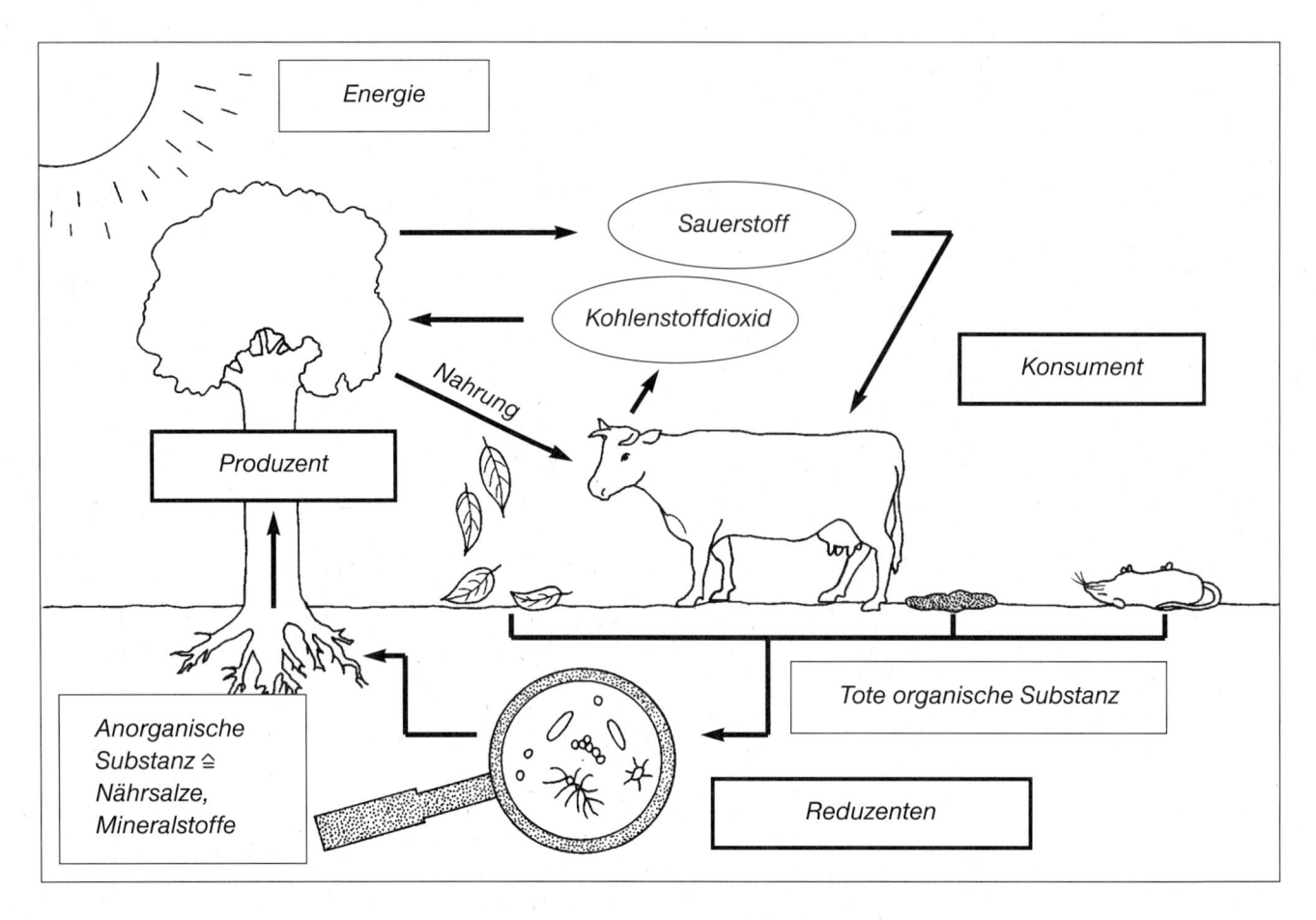

Anorganische Substanz ≙ Nährsalze, Mineralstoffe

1. Verdeutliche in der Grafik die Beziehungen der Lebewesen untereinander, insbesondere den Stellenwert der Mikroorganismen wie z.B. Bakterien und Pilze (Reduzenten).

2. Erläutere den Namen „Reduzenten" für die Mikroorganismen:

   reducere = zurückführen; Reduzenten führen Stoffe in den Kreislauf zurück,

   indem sie organisches Substrat in anorganisches Substrat (Salze) umwandeln

   und damit den Produzenten wieder zur Verfügung stellen.

3. Versuche zu erklären, warum viele Ökologen die ältere Bezeichnung „Destruenten" für die Reduzenten gar nicht gerne hören.

   destruere = zerstören; Reduzenten sind weder aggressiv noch

   zerstören sie etwas. Sie wandeln Stoffe um und machen sie damit wieder

   für das Ökosystem verfügbar.

4. Die Verseuchung und Versiegelung von Boden haben oft tödliche Folgen für die Bodenlebewesen. Schätze doch einmal, wieviele Bakterien und Pilze in den obersten 30 cm eines Quadratmeter offenen, gesunden Bodens leben.

   60.000.000.000.000 Bakterien und 11.000.000.000 Pilze sowie 1.000.000 Algen und 500.000.000 Einzeller.

   Ferner 200 Regenwürmer, je 50 Schnecken, Spinnen und Asseln, jedoch nur 0,001 Wirbeltiere.

Arbeitsblätter Biologie: Bakterien, Pilze, Viren und Parasiten   **Klett**

Reduzenten in ihrer Umwelt 67

Reduzenten

1. Verdeutliche in der Grafik die Beziehungen der Lebewesen untereinander, insbesondere den Stellenwert der Mikroorganismen wie z.B. Bakterien und Pilze (Reduzenten).

2. Erläutere den Namen „Reduzenten" für die Mikroorganismen:

   _____
   _____
   _____

3. Versuche zu erklären, warum viele Ökologen die ältere Bezeichnung „Destruenten" für die Reduzenten gar nicht gerne hören.

   _____
   _____
   _____

4. Die Verseuchung und Versiegelung von Boden haben oft tödliche Folgen für die Bodenlebewesen. Schätze doch einmal, wieviele Bakterien und Pilze in den obersten 30 cm eines Quadratmeter offenen, gesunden Bodens leben.

   _____
   _____

Arbeitsblätter Biologie: Bakterien, Pilze, Viren und Parasiten   **Klett**

© Ernst Klett Schulbuchverlag GmbH, Stuttgart 1995   ISBN 3-12-031020-4
Von diesen Vorlagen ist die Vervielfältigung für den eigenen Unterrichtsgebrauch gestattet. Die Kopiergebühren sind abgegolten.

Pioniere – Robert Koch

Information:
Der praktische Arzt aus Wollnstein erhielt 1905 den Nobelpreis für seine Untersuchungen und Entdeckungen auf dem Gebiet der Tuberkuloseforschung. Er wies sowohl den Erreger nach als auch erste Behandlungsmöglichkeiten (Tuberkulin) auf. Dies war ihm nur möglich, da er zuvor grundlegende Forschungen am Erreger des Milzbrandes – einer bis dahin absolut tödlichen Erkrankung bei Tier und Mensch – durchgeführt hatte.
Bis zu diesen Ergebnissen (1876) glaubte man noch an krankheitsauslösende Stoffe in Boden und Luft (Gifthauch). Krankheiten und Seuchen traten danach nur dort auf, wo Schmutz und totale Verelendung herrschten.
Nur wenige glaubten an die Existenz lebender „Tierchen" und rangen um die Anerkennung der Bakteriologie. Zu ihnen gehörte in erster Linie ROBERT KOCH.

ROBERT KOCH (1843 – 1910)

Erläuterte schriftlich in deinem Heft, warum die im folgenden schematisch dargestellten Beobachtungen und Versuche von ROBERT KOCH zum Nachweis eines lebenden Erregers geeignet waren.

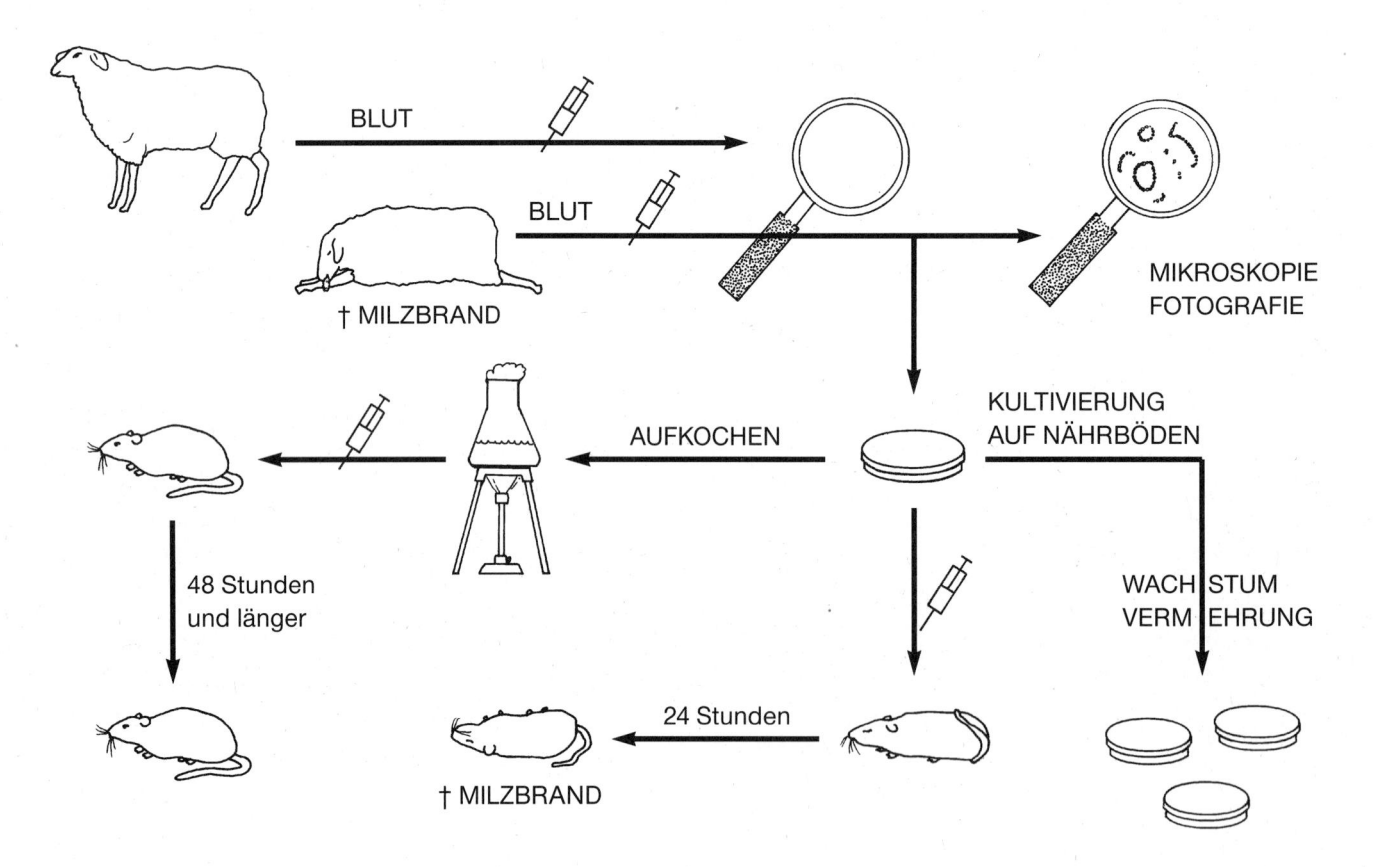

Im Blut von an Milzbrand verendeten Tieren konnte KOCH stäbchen- und fadenförmige Gebilde nachweisen, die im Blut gesunder Tiere nicht vorkamen. Impfte er winzige Mengen des „verseuchten" Blutes, so starben die Mäuse über Nacht an Milzbrand. Damit waren spezifisch krankmachende Gebilde nachgewiesen. KOCH konservierte, fotografierte und kultivierte diese Erreger. In den Kulturen konnte er Wachstum und Vermehrung der Keime feststellen. Das Impfen mit aufgekochten Erregern und das Ausbleiben der Erkrankung bewiesen ebenfalls, daß es sich um einen lebenden, krankheitsspezifischen, vermehrungsfähigen Erreger (= Bakterium) handelte.

Arbeitsblätter Biologie: Bakterien, Pilze, Viren und Parasiten

Pioniere – Robert Koch

Information:
Der praktische Arzt aus Wollnstein erhielt 1905 den Nobelpreis für seine Untersuchungen und Entdeckungen auf dem Gebiet der Tuberkuloseforschung. Er wies sowohl den Erreger nach als auch erste Behandlungsmöglichkeiten (Tuberkulin) auf. Dies war ihm nur möglich, da er zuvor grundlegende Forschungen am Erreger des Milzbrandes – einer bis dahin absolut tödlichen Erkrankung bei Tier und Mensch – durchgeführt hatte.
Bis zu diesen Ergebnissen (1876) glaubte man noch an krankheitsauslösende Stoffe in Boden und Luft (Gifthauch). Krankheiten und Seuchen traten danach nur dort auf, wo Schmutz und totale Verelendigung herrschten. Nur wenige glaubten an die Existenz lebender „Tierchen" und rangen um die Anerkennung der Bakteriologie. Zu ihnen gehörte in erster Linie ROBERT KOCH.

ROBERT KOCH (1843–1910)

Erläuterte schriftlich in deinem Heft, warum die im folgenden schematisch dargestellten Beobachtungen und Versuche von ROBERT KOCH zum Nachweis eines lebenden Erregers geeignet waren.

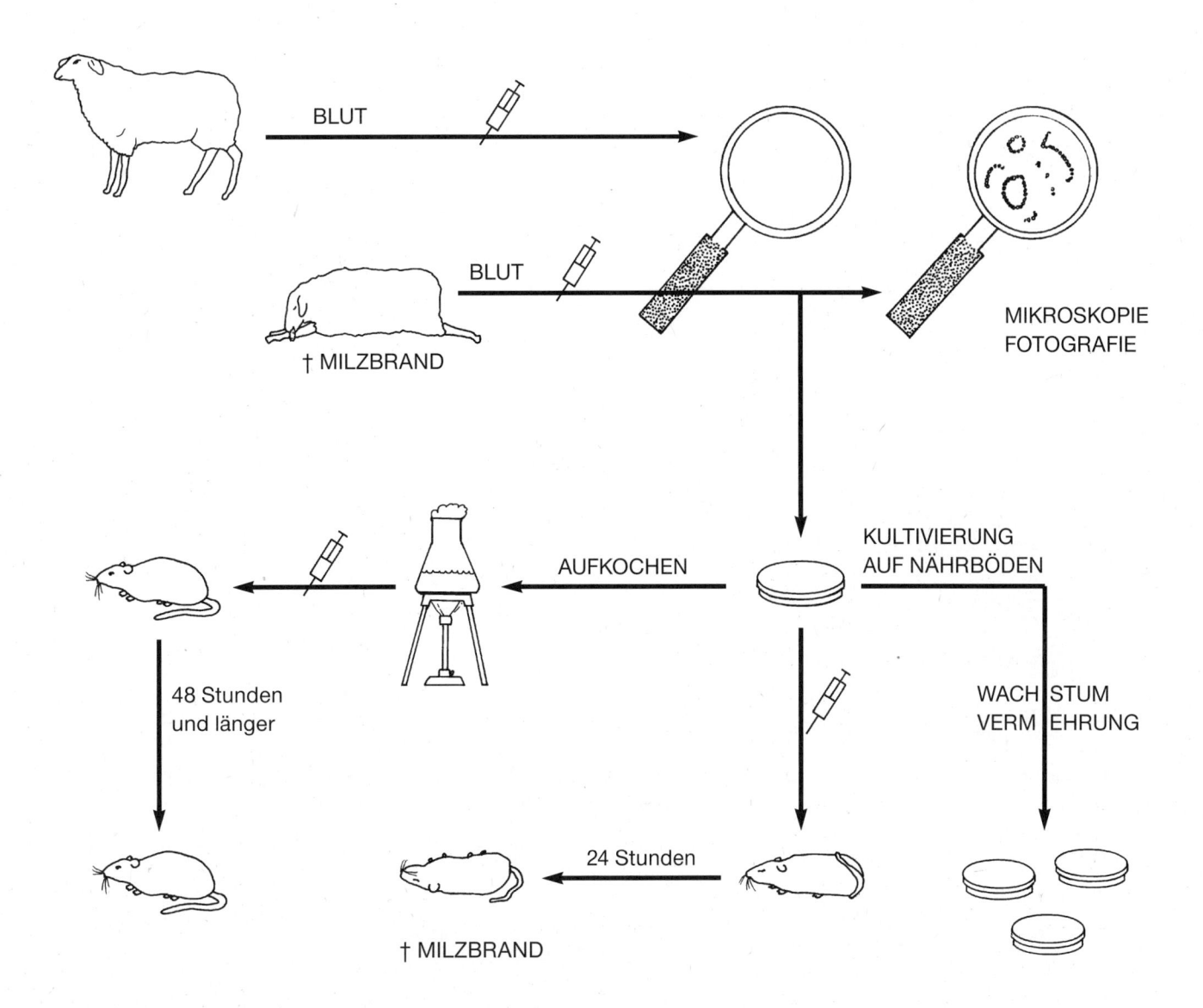

BLUT

† MILZBRAND

BLUT

MIKROSKOPIE
FOTOGRAFIE

AUFKOCHEN

KULTIVIERUNG
AUF NÄHRBÖDEN

48 Stunden und länger

WACHSTUM
VERMEHRUNG

24 Stunden

† MILZBRAND

Arbeitsblätter Biologie: Bakterien, Pilze, Viren und Parasiten

Ein Zögern macht Weltgeschichte 70

Information:
Der englische Bakteriologe Dr. Fleming untersuchte 1928 Reinkulturen von gefährlichen Eitererregern. Normalerweise sind auf solchen Platten die Erreger in Kolonieform gleichmäßig auf dem Nährboden verteilt. Fleming fand eine „verschimmelte" Kultur; ein Schimmelpilz hatte sich in der Reinkultur ausgebreitet. Jeder andere hätte die Petrischale wohl beiseite gestellt und später entsorgt, nicht so Fleming: Er zögerte!
13 Jahre später gelang es ihm, aus diesem Schimmelpilz *(Penicillium notatum)* das erste Antibiotikum (Penicillin) gegen Bakterien herzustellen.

Sir Alexander Fleming (1881–1955)

1. Betrachte die Abbildung der Petrischale und stelle dar, warum Fleming zögerte.

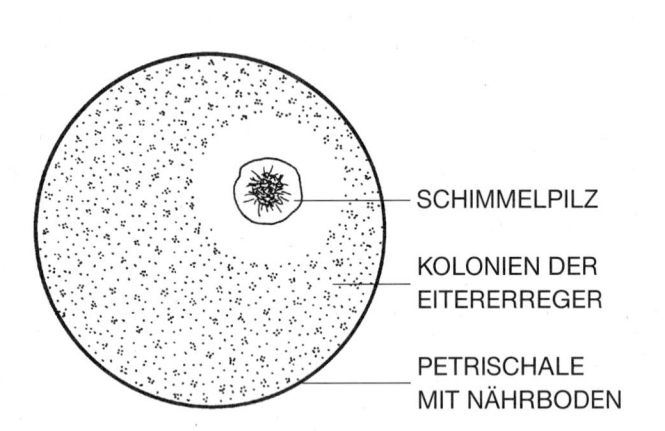

SCHIMMELPILZ
KOLONIEN DER EITERERREGER
PETRISCHALE MIT NÄHRBODEN

Rund um den Schimmelpilz befindet sich ein Hof,

in dem sich keine Bakterienkolonie (mehr) befindet.

Der Pilz produziert anscheinend einen Wirkstoff,

der durch den Nährboden diffundiert und alle Keime

um ihn herum abtötet.

2. So ganz neu scheint Flemings Entdeckung – für die er 1945 den Nobelpreis erhielt – nicht zu sein, denn im Papyrus Ebers – einer Papyrusrolle der Ägypter (1500 v. Chr.) steht bereits: „... verschimmeltes Brot auf Wunden aufgelegt, ist das stärkste Mittel gegen eiternde Wunden ..."
Was spricht aus heutiger Sicht für bzw. gegen dieses Heilmittel?

„Schimmel" besteht meist aus verschiedenen Pilzen, einer davon kann Antibiotika bilden, andere bilden tödliche

Gifte (Aflatoxine). Vor dem Genuß verschimmelter Lebensmittel wird daher dringend gewarnt!

Nur der Reinstoff aus dem bestimmten Schimmelpilz stellt das Antibiotikum Penicillin dar. Die ägyptische Heil-

methode wird daher – zeithistorisch betrachtet – selten einmal geholfen, meistens aber nicht geholfen, vielleicht

sogar getötet haben.

Arbeitsblätter Biologie: Bakterien, Pilze, Viren und Parasiten

Ein Zögern macht Weltgeschichte

Information:
Der englische Bakteriologe Dr. Fleming untersuchte 1928 Reinkulturen von gefährlichen Eitererregern. Normalerweise sind auf solchen Platten die Erreger in Kolonieform gleichmäßig auf dem Nährboden verteilt. Fleming fand eine „verschimmelte" Kultur; ein Schimmelpilz hatte sich in der Reinkultur ausgebreitet. Jeder andere hätte die Petrischale wohl beiseite gestellt und später entsorgt, nicht so Fleming: Er zögerte!
13 Jahre später gelang es ihm, aus diesem Schimmelpilz *(Penicillium notatum)* das erste Antibiotikum (Penicillin) gegen Bakterien herzustellen.

Sir Alexander Fleming (1881–1955)

1. Betrachte die Abbildung der Petrischale und stelle dar, warum Fleming zögerte.

SCHIMMELPILZ

KOLONIEN DER EITERERREGER

PETRISCHALE MIT NÄHRBODEN

2. So ganz neu scheint Flemings Entdeckung – für die er 1945 den Nobelpreis erhielt – nicht zu sein, denn im Papyrus Ebers – einer Papyrusrolle der Ägypter (1500 v. Chr.) steht bereits: „... verschimmeltes Brot auf Wunden aufgelegt, ist das stärkste Mittel gegen eiternde Wunden ..."
Was spricht aus heutiger Sicht für bzw. gegen dieses Heilmittel?

Arbeitsblätter Biologie: Bakterien, Pilze, Viren und Parasiten

Antibiotikum – Heilmittel

1. Definiere den Begriff Antibiotikum.

   Ein von Organismen hergestellter Stoff, der Mikroorganismen an der

   Vermehrung hindert oder tötet (Anti = gegen, Bios = Leben).

2. Informiere dich: Welche Gruppen von Antibiotika gibt es heute, und wo wirken sie auf Bakterien schädigend? Beschrifte die Skizze und trage deine Ergebnisse ein.

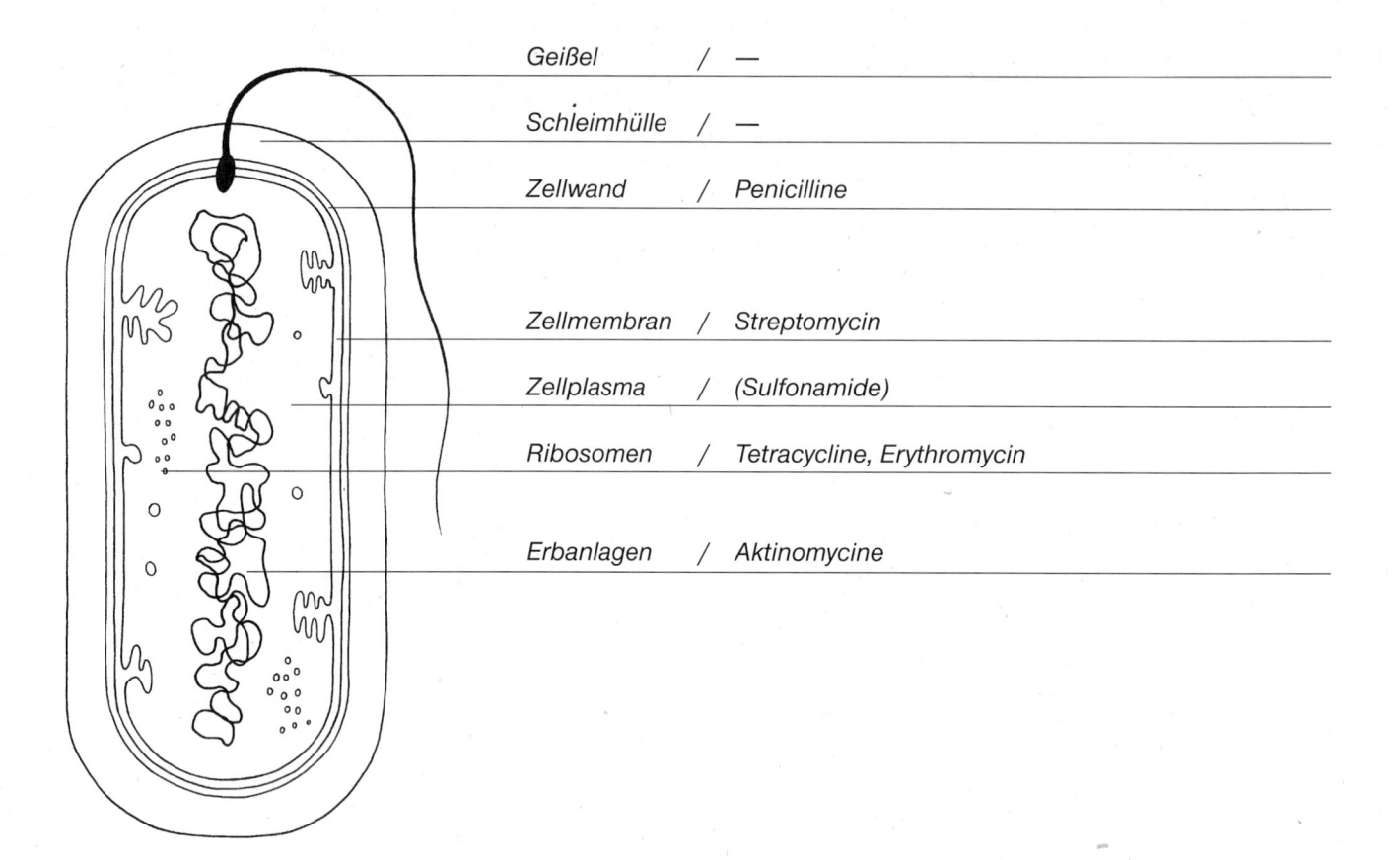

Struktur	Antibiotikum
Geißel	—
Schleimhülle	—
Zellwand	Penicilline
Zellmembran	Streptomycin
Zellplasma	(Sulfonamide)
Ribosomen	Tetracycline, Erythromycin
Erbanlagen	Aktinomycine

3. Welche Folgen kann eine Resistenzbildung für den Betroffenen haben?

   Das Antibiotikum hat bei Resistenz keine Wirkung, ein neues Mittel (bei geringer Auswahl) wird nötig.

   Resistente Bakterien können eine neue, evtl. schlimmere Krankheit (Superinfektion) auslösen.

4. Bei der Behandlung mit Antibiotika kommt es häufig zu starkem Durchfall. Erläutere diese unerwünschte Nebenwirkung.

   Alle Antibiotika wirken auf verschiedene Bakterien (Breitband). So können auch die Darmbakterien

   geschädigt werden.

Antibiotikum – Heilmittel

1. Definiere den Begriff Antibiotikum.

   _____

   _____

2. Informiere dich: Welche Gruppen von Antibiotika gibt es heute und wo wirken sie auf Bakterien schädigend? Beschrifte die Skizze und trage deine Ergebnisse ein.

3. Welche Folgen kann eine Resistenzbildung für den Betroffenen haben?

   _____

   _____

   _____

4. Bei der Behandlung mit Antibiotika kommt es häufig zu starkem Durchfall. Erläutere diese unerwünschte Nebenwirkung.

   _____

   _____

Arbeitsblätter Biologie: Bakterien, Pilze, Viren und Parasiten

Wir backen Brot

> **Information:** Einfache Brotrezepte
> Vollkornbrot: 500 g Weizenschrotmehl, 40 g Bäckerhefe, 1/4 l lauwarmes Wasser, 1/2 Teelöffel Salz, 1 Prise Zucker
> Weißbrot: 500 g Weizenmehl, 40 g Bäckerhefe, 1/4 l lauwarme Milch, 1/2 Teelöffel Salz, 1 Prise Zucker
> Zubereitung: Schüssel mit dem Mehl füllen, in die Mitte eine Mulde drücken. Kleingekrümelte Hefe mit etwa 3 Eßlöffeln Wasser bzw. Milch und 1 Prise Zucker verrühren und in die Mulde füllen. Abgedeckt 1/4 Stunde stehen lassen. Restliche Zutaten zugeben und zu einem glatten Teig kneten, zu einem Laib formen, noch einmal eine 1/4 Stunde abgedeckt stehen lassen, dann auf ein gefettetes Backblech setzen, bei 220°C eine knappe Stunde backen.

1. Wodurch wird beim Brotbacken der Teig locker und größer?

Um die Frage beantworten zu können, backen wir – evtl. gruppenweise – Brot „wissenschaftlich" in kleinen Versuchsansätzen. Backe aus den jeweils angegebenen Zutaten ein Minibrot. Geh dabei genau so vor, wie es das Rezept bzw. die Versuchsanleitung vorschreibt. Notiere deine Beobachtungen. Vergiß nicht aufzuräumen!

	Versuch I	Versuch II	Versuch III	Versuch IV	Versuch V
1 Eßlöffel Mehl	+	+	+	+	−
1 Stückchen Hefe	+	+	+	−	+
1 Eßlöffel warme Milch	+	−	−	+	+
1 Eßlöffel kalte Milch	−	+	−	−	−
Beobachtung: locker	+	−	−	−	−
Beobachtung: größer	+	(+)	−	−	−

Beantworte nun die Frage.

Verantwortlich ist die Hefe, sie benötigt lauwarme Milch, um ihre Wirkung voll zu entfalten.

2. Wir wollen es aber noch viel genauer wissen; befrage den Bäcker oder ein Lexikon.

In warmem Wasser oder warmer Milch nehmen die Hefen ihren Stoffwechsel auf und produzieren Kohlenstoffdioxid; dieses lockert und bläht den Teig.

Wir backen Brot

> **Information:** Einfache Brotrezepte
> Vollkornbrot: 500 g Weizenschrotmehl, 40 g Bäckerhefe, 1/4 l lauwarmes Wasser, 1/2 Teelöffel Salz, 1 Prise Zucker
> Weißbrot: 500 g Weizenmehl, 40 g Bäckerhefe, 1/4 l lauwarme Milch, 1/2 Teelöffel Salz, 1 Prise Zucker
> Zubereitung: Schüssel mit dem Mehl füllen, in die Mitte eine Mulde drücken. Kleingekrümelte Hefe mit etwa 3 Eßlöffeln Wasser bzw. Milch und 1 Prise Zucker verrühren und in die Mulde füllen. Abgedeckt 1/4 Stunde stehen lassen. Restliche Zutaten zugeben und zu einem glatten Teig kneten, zu einem Laib formen, noch einmal eine 1/4 Stunde abgedeckt stehen lassen, dann auf ein gefettetes Backblech setzen, bei 220°C eine knappe Stunde backen.

1. Wodurch wird beim Brotbacken der Teig locker und größer?

Um die Frage beantworten zu können, backen wir – evtl. gruppenweise – Brot „wissenschaftlich" in kleinen Versuchsansätzen. Backe aus den jeweils angegebenen Zutaten ein Minibrot. Geh dabei genau so vor, wie es das Rezept bzw. die Versuchsanleitung vorschreibt. Notiere deine Beobachtungen. Vergiß nicht aufzuräumen!

	Versuch I	Versuch II	Versuch III	Versuch IV	Versuch V
1 Eßlöffel Mehl	+	+	+	+	−
1 Stückchen Hefe	+	+	+	−	+
1 Eßlöffel warme Milch	+	−	−	+	+
1 Eßlöffel kalte Milch	−	+	−	−	−
Beobachtung: locker					
Beobachtung: größer					

Beantworte nun die Frage.

_____

_____

_____

2. Wir wollen es aber noch viel genauer wissen; befrage den Bäcker oder ein Lexikon.

_____

_____

_____

Experimente mit Hefe

Zur Energienutzung unter Luftabschluß führt Hefe die alkoholische Gärung durch. Dabei wird ein Molekül Zucker durch die Enzyme der Hefe zu zwei Molekülen Alkohol und zwei Molekülen Kohlenstoffdioxid abgebaut.

Ia) Gärröhrchen (nach EICHHORN) mit Zuckerlösung und Aufschwemmung von Bäckerhefe.
Ib) Das Röhrchen Ia nach 3 Tagen
Ic) Gärröhrchen nur mit Zuckerlösung

Beobachtungen: Nach 3 Tagen riecht das Röhrchen Ia/Ib nach Alkohol, und es hat sich ein Gas gebildet. Bei Ic sind keine Veränderungen feststellbar.
Das Gas läßt sich mit festem Kaliumhydroxid binden:
$2\ KOH + CO_2 \rightarrow K_2CO_3 + H_2O$

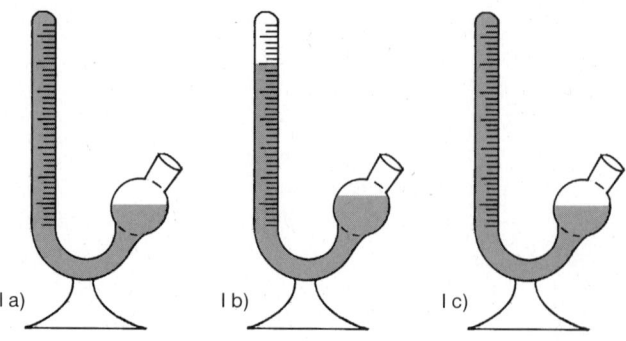

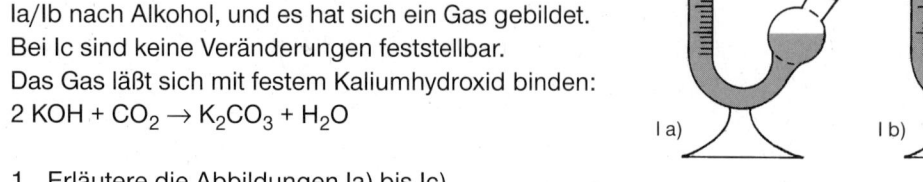

1. Erläutere die Abbildungen Ia) bis Ic).

   Nur mit Hilfe der Hefen entsteht unter Luftabschluß Alkohol und Kohlenstoffdioxid aus Zuckerlösung.

II Alle Röhrchen sind mit Zuckerlösung und einer Hefeaufschwemmung gefüllt. Sie werden für einen Tag den angegebenen Temperaturen ausgesetzt.

2. Erläutere die Beobachtungen bei IIa) bis IIc).

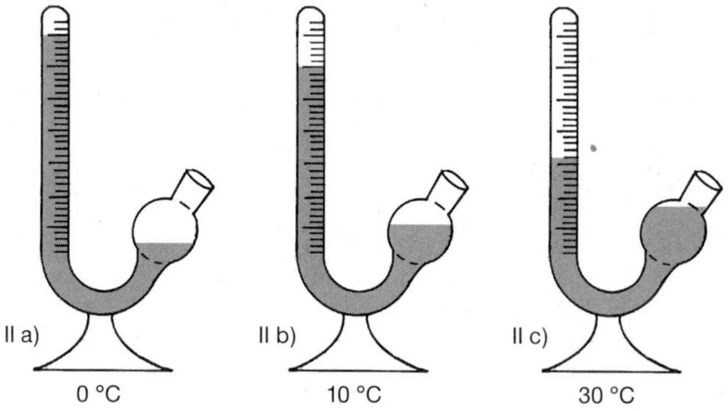

   Die Menge des gebildeten Gases ist ein Maß für die Gärungsaktivität. Die Hefen und damit ihre Enzyme scheinen bei Temperaturen um 30°C am besten zu arbeiten.

   II a) 0 °C   II b) 10 °C   II c) 30 °C

III Die Röhrchen wurden mit Zuckerlösung gefüllt. Die zugesetzten Hefeaufschwemmungen wurden vorbehandelt:
IIIa) Die Aufschwemmung wurde kurz aufgekocht.
IIIb) Die Hefezellen der Aufschwemmung wurden durch Reiben im Mörser unter Zusatz von Quarzsand zerquetscht.

3. Erläutere die Beobachtungen bei IIIa) und IIIb).

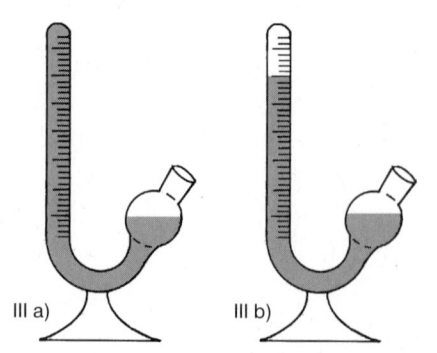

   Die Enzyme wirken auch ohne zugehörige Hefezellen (IIIb).

   Beim Erhitzen (IIIa) werden nicht nur die Hefen getötet, sondern auch die hitzeempfindlichen Enzyme (Eiweiß) zerstört.

Arbeitsblätter Biologie: Bakterien, Pilze, Viren und Parasiten **Klett**

Experimente mit Hefe

Zur Energienutzung unter Luftabschluß führt Hefe die alkoholische Gärung durch. Dabei wird ein Molekül Zucker durch die Enzyme der Hefe zu zwei Molekülen Alkohol und zwei Molekülen Kohlenstoffdioxid abgebaut.

Ia) Gärröhrchen (nach EICHHORN) mit Zuckerlösung und Aufschwemmung von Bäckerhefe.
Ib) Das Röhrchen Ia nach 3 Tagen
Ic) Gärröhrchen nur mit Zuckerlösung

Beobachtungen: Nach 3 Tagen riecht das Röhrchen Ia/Ib nach Alkohol, und es hat sich ein Gas gebildet. Bei Ic sind keine Veränderungen feststellbar. Das Gas läßt sich mit festem Kaliumhydroxid binden:
$2\,KOH + CO_2 \rightarrow K_2CO_3 + H_2O$

1. Erläutere die Abbildungen Ia) bis Ic).

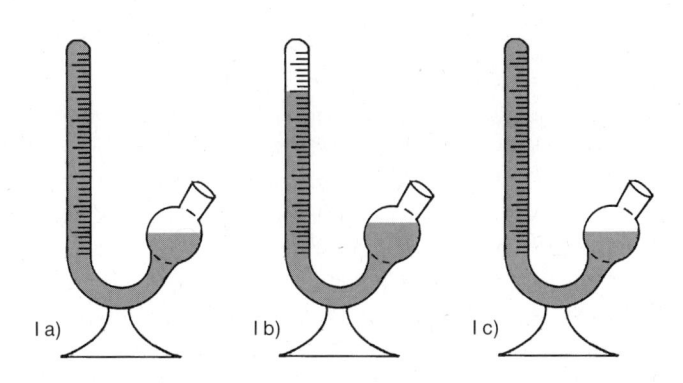

II Alle Röhrchen sind mit Zuckerlösung und einer Hefeaufschwemmung gefüllt. Sie werden für einen Tag den angegebenen Temperaturen ausgesetzt.

2. Erläutere die Beobachtungen bei IIa) bis IIc).

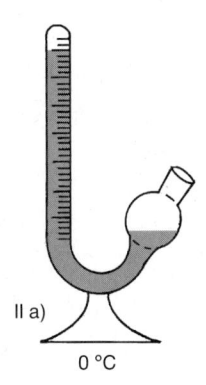

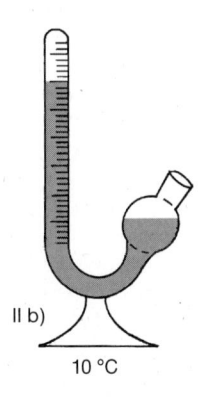

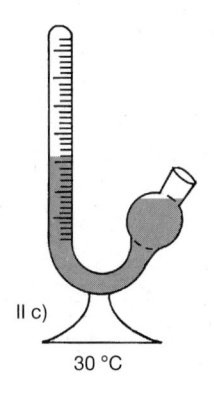

IIa) 0 °C IIb) 10 °C IIc) 30 °C

III Die Röhrchen wurden mit Zuckerlösung gefüllt. Die zugesetzten Hefeaufschwemmungen wurden vorbehandelt:
IIIa. Die Aufschwemmung wurde kurz aufgekocht.
IIIb. Die Hefezellen der Aufschwemmung wurden durch Reiben im Mörser unter Zusatz von Quarzsand zerquetscht.

3. Erläutere die Beobachtungen bei IIIa) und IIIb).

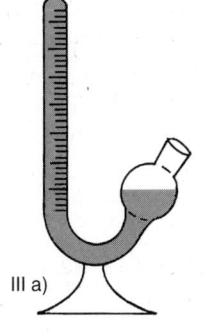

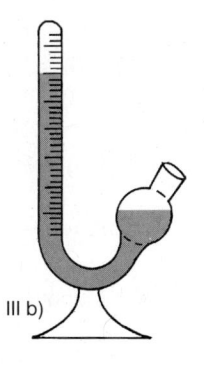

Arbeitsblätter Biologie: Bakterien, Pilze, Viren und Parasiten

Alkoholfreies Bier

1 l Bier
≙ 20 g Alkohol

1,3 g Hopfen
1,3 l Brauwasser
180 g Gerste
Hefe

Information:
Die Herstellung von alkoholfreiem Bier (maximal 0,5% Volumen Alkohol dürfen enthalten sein) erfolgt seit 1978 in einzelnen Chargen nach verschiedenen Verfahren. Mit dem ständig steigenden Bedarf in Deutschland (1990 mehr als 2 Mio. Hektoliter) wurde die Entwicklung eines kontinuierlichen Herstellungsprozesses erforderlich. Bislang wurde dem fertigen Bier durch Destillation der Alkohol bis auf den erlaubten Rest entzogen – dabei aber auch zahlreiche Geschmacksstoffe. Auch mit Hilfe der Umkehrosmose kann dem Bier Alkohol und Wasser entzogen werden. Danach wird wieder reines Wasser zugesetzt, bis der maximal zulässige Alkoholgehalt erreicht ist. Neben diesen physikalischen Methoden wird auch ein biologisches Verfahren angewendet, bei dem die Gärung kurz über dem Gefrierpunkt geführt wird und nur so lange bis der maximale Alkoholgehalt erreicht ist.

Das neueste Verfahren (biologisch) erlaubt nun eine kontinuierliche Herstellung von alkoholfreiem Bier in einem Wirbelschichtreaktor. Dazu werden die Hefen sehr fest an offenporige Glaskügelchen adsorbiert, so daß sie auch bei der Durchwirbelung im Reaktor an den Kugeln haften bleiben. Durch geeigneten Würzezufluß, Durchwirbelung und mit Eiswasser eingestellten Temperaturgradienten läßt sich kontinuierlich alkoholfreies Bier mit maximal 0,5 % Volumen Alkohol unter Einhaltung des deutschen Reinheitsgebotes und unter Erhalt aller wesentlichen Geschmacksstoffe (ca. 700 sind bekannt) brauen.

Lösung zum Arbeitsblatt S. 79:

⑮	Lagertanks	⑨	Würzepfanne	①	Silos
②	Schrotmühle	⑭	Gärkeller	⑬	Hefereinzucht
⑤	Maischbottich	⑥	Maischpfanne	⑩	Hopfenseiher
③	Schrotkasten	⑧	Treber	⑫	Würzekühler
⑪	Kühlschiff	④	Dunstkamin	⑦	Läuterbottich

Arbeitsblätter Biologie: Bakterien, Pilze, Viren und Parasiten

Bierherstellung

79

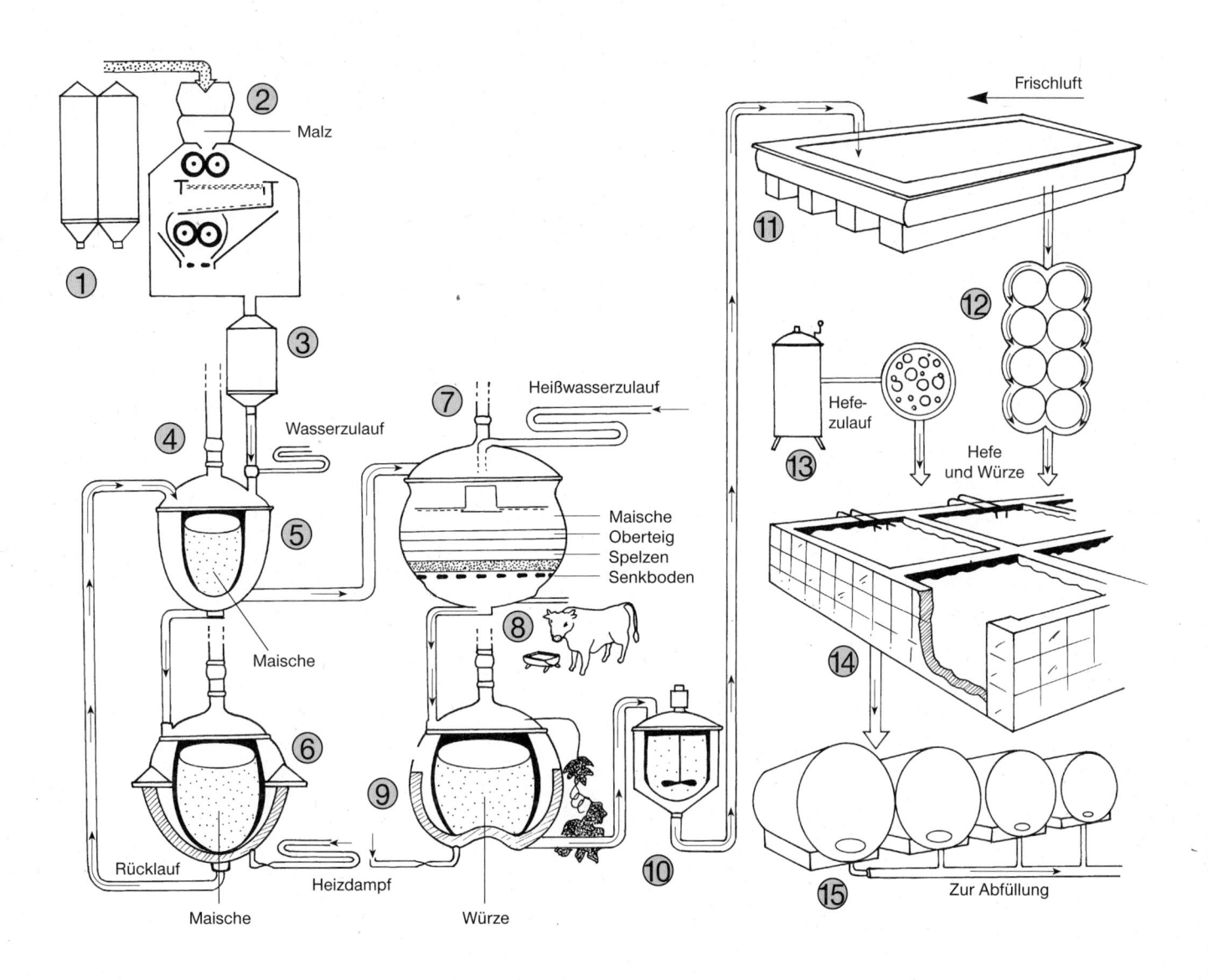

Ordne den folgenden Begriffen die richtigen Zahlen aus dem Schema der Bierherstellung zu.

◯ Lagertanks	◯ Würzepfanne	◯ Silos
◯ Schrotmühle	◯ Gärkeller	◯ Hefereinzucht
◯ Maischbottich	◯ Maischpfanne	◯ Hopfenseiher
◯ Schrotkasten	◯ Treber	◯ Würzekühler
◯ Kühlschiff	◯ Dunstkamin	◯ Läuterbottich

Arbeitsblätter Biologie: Bakterien, Pilze, Viren und Parasiten

Klett

© Ernst Klett Schulbuchverlag GmbH, Stuttgart 1995
ISBN 3-12-031020-4
Von diesen Vorlagen ist die Vervielfältigung für den eigenen Unterrichtsgebrauch gestattet. Die Kopiergebühren sind abgegolten.

Faszination Schimmel

1. Wir betrachten Schimmel näher: Sicher findet sich irgendwo ein angeschimmeltes Lebensmittel. Wir geben ein Stück davon in eine Petrischale mit etwas Wasser und verschließen die Schale mit einem Klebefilm. Nach wenigen Tagen können wir die Sporenträger der verschiedenen Schimmelpilze unter der Stereolupe recht genau betrachten und skizzieren.

2. Begründe, warum die Schale auch beim näheren Betrachten geschlossen bleiben muß.

   Schimmelpilzsporen werden mit der Luft verbreitet und können in der Lunge oder auf defekter Haut Pilzerkrankungen hervorrufen.

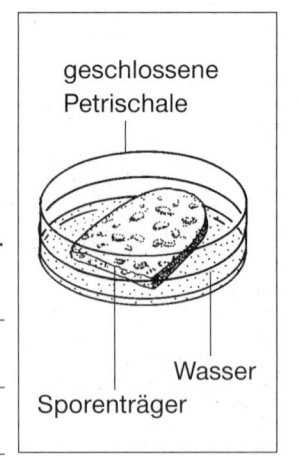

3. Skizziere einige typische Sporenträger der Schimmelpilze.

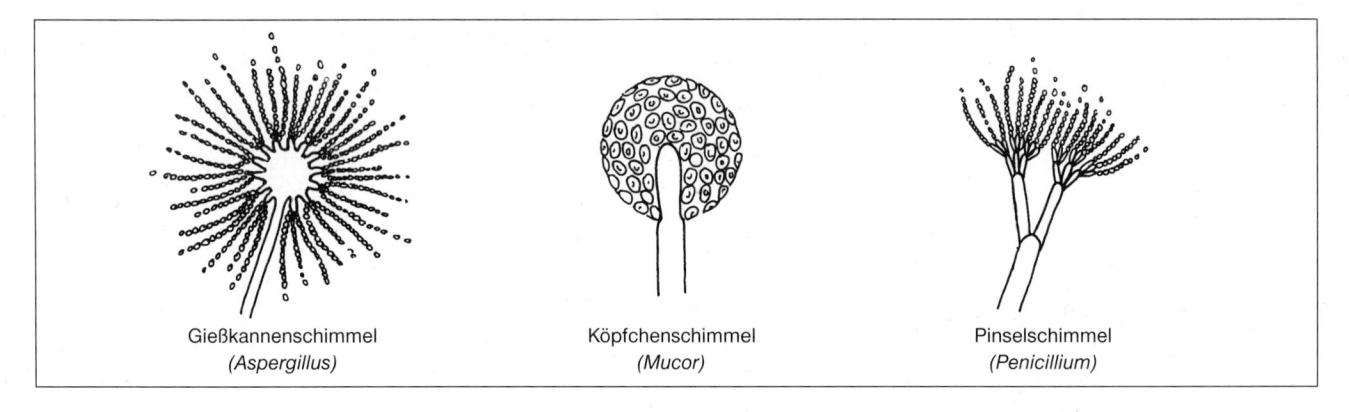

   Gießkannenschimmel (Aspergillus) — Köpfchenschimmel (Mucor) — Pinselschimmel (Penicillium)

4. Nenne stichwortartig – aus menschlicher Sicht – einige positive sowie negative Auswirkungen von Schimmelpilzen.

   (positiv) Antibiotikagewinnung, (positiv) Schimmelkäseherstellung (Camembert, Roquefort),

   (negativ) Pilzbefall beim Menschen,

   (negativ) Pilzbefall auf Lebensmitteln (Gift: Aflatoxin).

5. Charakterisiere die idealen Lebensbedingungen und bevorzugten Nährböden für Schimmelpilze.

   Lebensmittel, Leder, Kot, Kleister, Kompost, Laub, Luftfeuchtigkeit 65 bis 85%, Nährbodenfeuchte 15 bis 18%, Temperatur 25°C, saures Milieu (pH 5 bis 6), organische Stoffe.

6. Begründe, warum angeschimmelte Lebensmittel überhaupt nicht mehr gegessen werden dürfen.

   „Schimmel" ist nur der Fruchtkörper des Pilzes, er entsteht erst, wenn der eigentliche Pilz (Myzel) den Nährboden fast ganz durchdrungen hat.

   Warnhinweis: *Die geschlossenen Petrischalen müssen ordnungsgemäß autoklaviert werden und können dann über den Hausmüll entsorgt werden.*

Faszination Schimmel

1. Wir betrachten Schimmel näher: Sicher findet sich irgendwo ein angeschimmeltes Lebensmittel. Wir geben ein Stück davon in eine Petrischale mit etwas Wasser und verschließen die Schale mit einem Klebefilm. Nach wenigen Tagen können wir die Sporenträger der verschiedenen Schimmelpilze unter der Stereolupe recht genau betrachten und skizzieren.

2. Begründe, warum die Schale auch beim näheren Betrachten geschlossen bleiben muß.

   _____

   _____

3. Skizziere einige typische Sporenträger der Schimmelpilze.

4. Nenne stichwortartig – aus menschlicher Sicht – einige positive sowie negative Auswirkungen von Schimmelpilzen.

   _____

   _____

   _____

5. Charakterisiere die idealen Lebensbedingungen und bevorzugten Nährböden für Schimmelpilze.

   _____

   _____

   _____

6. Begründe, warum angeschimmelte Lebensmittel überhaupt nicht mehr gegessen werden dürfen.

   _____

   _____

   _____

   _____

Das Mutterkorn – ein Parasit

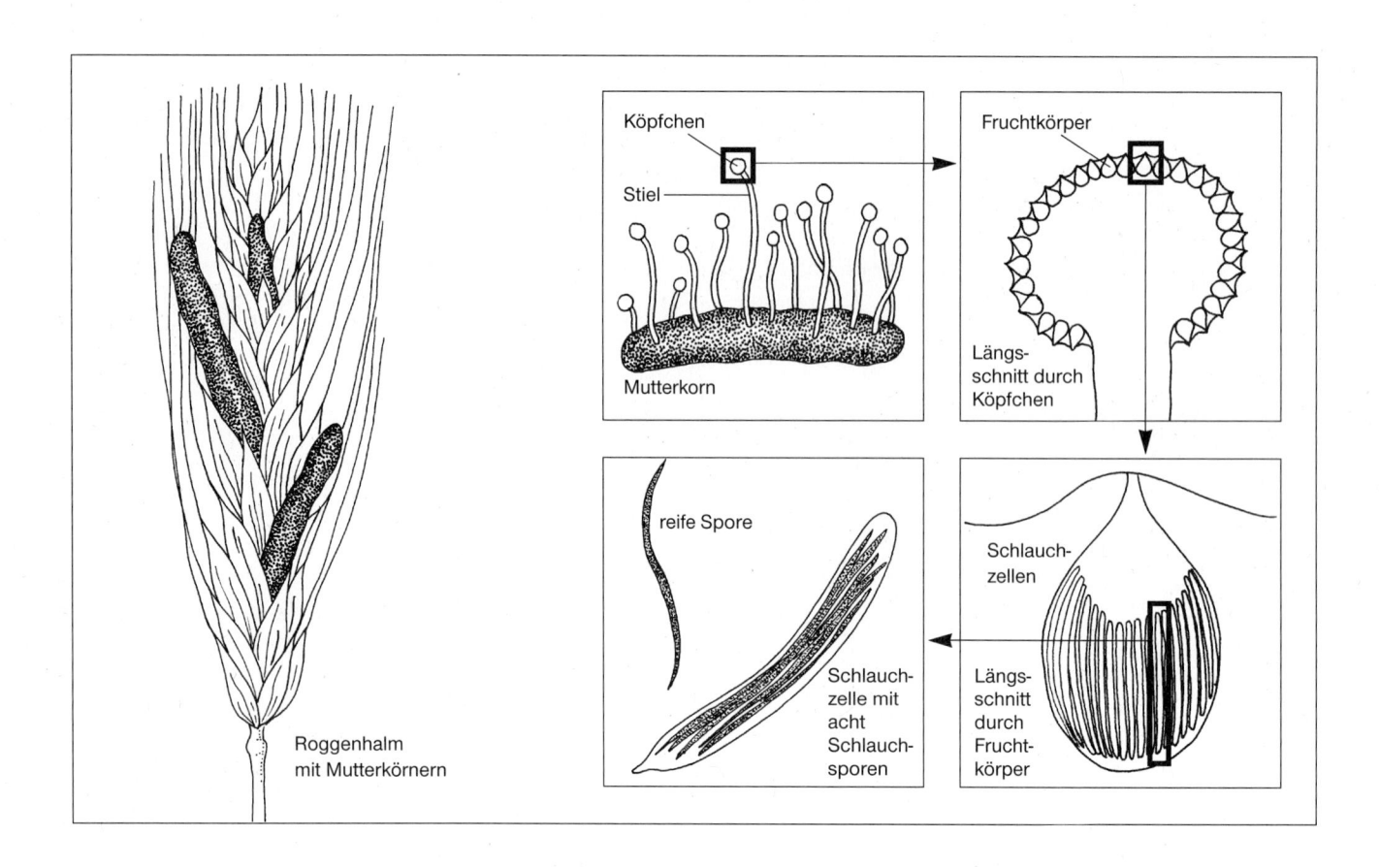

Informiere dich über die Bedeutung und Fortpflanzung des parasitären Mutterkornpilzes (*Claviceps purpurea*).

Der Mutterkornpilz (Claviceps purpurea) gehört zur Klasse der Schlauchpilze und zur Ordnung der Kernkeulenpilze. Seine auffallendste Erscheinung ist das sogenannte Mutterkorn. Es wächst in den Ähren von Roggen, aber auch anderen Gräsern, heran. Seinen Namen hat es aus dem Mittelalter als seine Inhaltsstoffe noch in der Geburtshilfe (daher der Name) eingesetzt wurden. Das Mutterkorn ist stark giftig (Mutterkornalkaloide) und bewirkt eine dauerhafte Verengung von Blutgefäßen und damit schwere Durchblutungsstörungen. Der Inhaltsstoff war aufgrund seiner engen Verwandtschaft Ausgangsstoff für das inzwischen voll synthetisch hergestellte LSD (Lysergsäurediethylamid).

Wurde das Mutterkorn mit dem Roggen vermahlen und über lange Zeit mit dem Brot vom Menschen aufgenommen, so starben Finger, Zehen, gar ganze Beine oder Arme unter brennenden Schmerzen ab und mußten amputiert werden (Brand, Höllenfeuer, Antoniusfeuer des Mittelalters). Heute spielt das Mutterkorn nur noch für die Herstellung einiger Heilmittel in der Pharmazie eine Rolle. Im Getreide wurde und wird es bekämpft, Mutterkörner zwischen Roggenkörnern werden zuverlässig vor der Vermahlung ausgelesen.

In der Ähre des Roggens wächst das Mutterkorn (Sklerotium des Pilzes) zu einem harten, gekrümmten, schwärzlichen Gebilde heran. Aus dem reifen „Korn", welches zu Boden gefallen ist, wachsen nach der Winterruhe die eigentlichen Fruchtkörper des Pilzes aus und bilden Sporen, die mit dem Wind auf die Narben der Roggenblüten übertragen werden. Dort dringen die Pilzhyphen in die Fruchtknoten ein und das Pilzmycel beginnt das Gewebe des Wirts nach und nach vollständig aufzulösen. Einige Hyphen des Pilzes dringen aber auch wieder an die Oberfläche vor, bilden eine Zuckerlösung (Honigtau) und schnüren Sporen ab. Angelockte Insekten übertragen diese Sporen auf andere Roggenblüten, so daß in kurzer Zeit ein ganzes Feld befallen werden kann. Wenn der Pilz das gesamte Gewebe des Fruchtknotens aufgelöst hat, verhärtet und verfärbt sich das Pilzmycel zum reifen Mutterkorn.

Das Mutterkorn – ein Parasit

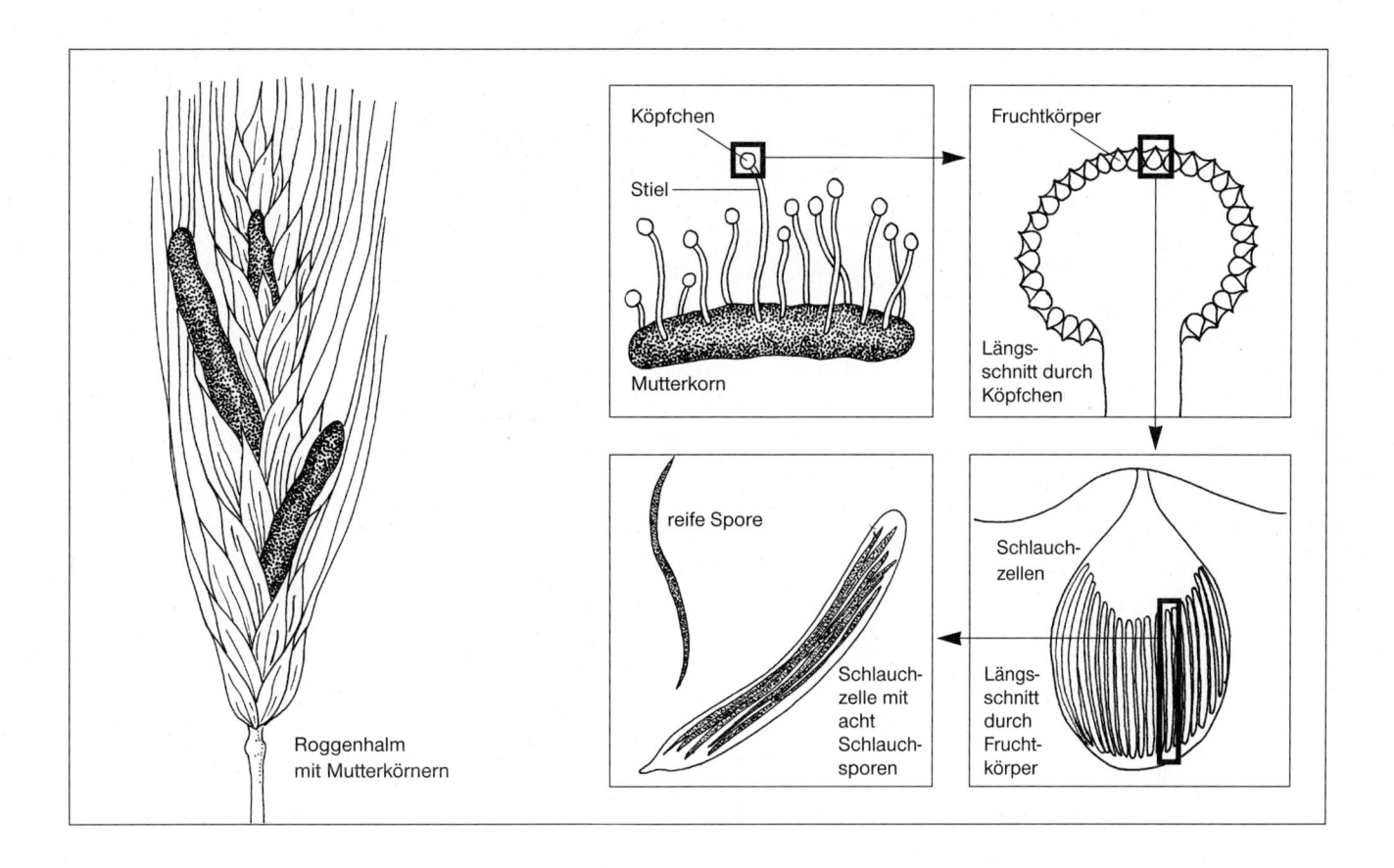

Informiere dich über die Bedeutung und Fortpflanzung des parasitären Mutterkornpilzes (*Claviceps purpurea*).

Arbeitsblätter Biologie: Bakterien, Pilze, Viren und Parasiten

Mykosen auf dem Vormarsch

Information:
Mediziner und Statistiker schätzen, daß mindestens jeder fünfte Deutsche Fußpilz hat. Unter den Hautpilzerkrankungen durch die sogenannten Fadenpilze hält der Fußpilz *(Tinea pedis)* damit den traurigen Rekord. Bevorzugt befällt er die Zwischenräume von Zehen und Fingern. Juckreiz ist meist das erste Symptom für die Infektion.

Die befallene Haut entzündet sich, wird rissig und schuppig, manchmal feucht, näßend, schmierig. Schon im Anfangsstadium sollte man sich vom Hautarzt behandeln lassen, um eine Ausbreitung oder gar ein tieferes Eindringen in den Körper wirksam zu verhindern.

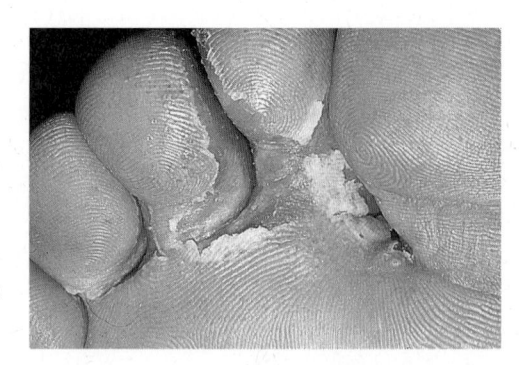

Der Fußpilz hat aber auch zahlreiche Verwandte der Gattung *Tinea*. Sie bevorzugen ebenfalls fast stets ganz bestimmte Körperpartien. So gibt es den Befall behaarter Hautpartien oder den Befall des Gesichts oder den Befall von Leisten- und Genitalregion oder den Befall von Zehen- und Fingernägeln. Stets wirken Schweiß, Feuchtigkeit, Wärme und oft mangelnde Hygiene stark begünstigend. Die Infektion beim Fußpilz erfolgt über die monatelang infektiösen Sporen, die oft Hautschuppen anhaften, die von Erkrankten z.B. im Schwimmbad „verloren" werden. Die anderen Mykosen können von krankem Vieh, erkrankten Haustieren oder gar von fremdem Spielzeug übertragen werden.

Neben den verbreiteten Fadenpilzen gibt es aber auch unter den Hefepilzen einige Vertreter, die insbesondere Säuglinge, alte Menschen und sehr kranke (abwehrgeschwächte) Personen befallen. In geringen Mengen kommen einige dieser Candidapilze auch im Magen-Darm-Trakt und in der Scheide vor. Unter starker Schwächung oder auch bei einer Antibiotikatherapie können sich solche Pilze ggf. explosionsartig vermehren. Hautfalten und Nagelfalze sind ebenfalls bevorzugte Brutstätten. Aber auch die Kompostierer unter den Pilzen, die Schimmelpilze, können einen extrem geschwächten Menschen hartnäckig befallen. Haut, Haare, Nägel und als Superinfektion kommen große Wunden und großflächige Verbrennungen oder Verätzungen in Frage.

Trage Antworten aus dem Text, dem Biologiebuch und dem Gesundheitslexikon zusammen.

1. An welchen Orten kann man sich am leichtesten mit dem Fußpilz infizieren?

   Turnhallen, Teppiche, Schwimmbäder, Duschen, (Schuhe), (Handtücher)

2. Welche Faktoren begünstigen die Entwicklung einer Pilzinfektion?

   Feuchtigkeit, Wärme, Schweiß, mangelnde Hygiene, Turnschuhe, Abwehrschwäche

3. Wie kann man einer Pilzinfektion am besten begegnen?

   Fußdusche im Schwimmbad, Abtrocknen, luftige Schuhe, Hygiene, Stärkung der Abwehrkräfte

4. Was ist bei den ersten Anzeichen einer Pilzinfektion zu tun?

   Durch (Haut)Arzt behandeln lassen.

Mykosen auf dem Vormarsch

Information:
Mediziner und Statistiker schätzen, daß mindestens jeder fünfte Deutsche Fußpilz hat. Unter den Hautpilzerkrankungen durch die sogenannten Fadenpilze hält der Fußpilz *(Tinea pedis)* damit den traurigen Rekord. Bevorzugt befällt er die Zwischenräume von Zehen und Fingern. Juckreiz ist meist das erste Symptom für die Infektion.
Die befallene Haut entzündet sich, wird rissig und schuppig, manchmal feucht, näßend, schmierig. Schon im Anfangsstadium sollte man sich vom Hautarzt behandeln lassen, um eine Ausbreitung oder gar ein tieferes Eindringen in den Körper wirksam zu verhindern.
Der Fußpilz hat aber auch zahlreiche Verwandte der Gattung *Tinea*. Sie bevorzugen ebenfalls fast stets ganz bestimmte Körperpartien. So gibt es den Befall behaarter Hautpartien oder den Befall des Gesichts oder den Befall von Leisten- und Genitalregion oder den Befall von Zehen- und Fingernägeln. Stets wirken Schweiß, Feuchtigkeit, Wärme und oft mangelnde Hygiene stark begünstigend. Die Infektion beim Fußpilz erfolgt über die monatelang infektiösen Sporen, die oft Hautschuppen anhaften, die von Erkrankten z.B. im Schwimmbad „verloren" werden. Die anderen Mykosen können von krankem Vieh, erkrankten Haustieren oder gar von fremdem Spielzeug übertragen werden.
Neben den verbreiteten Fadenpilzen gibt es aber auch unter den Hefepilzen einige Vertreter, die insbesondere Säuglinge, alte Menschen und sehr kranke (abwehrgeschwächte) Personen befallen. In geringen Mengen kommen einige dieser Candidapilze auch im Magen-Darm-Trakt und in der Scheide vor. Unter starker Schwächung oder auch bei einer Antibiotikatherapie können sich solche Pilze ggf. explosionsartig vermehren. Hautfalten und Nagelfalze sind ebenfalls bevorzugte Brutstätten. Aber auch die Kompostierer unter den Pilzen, die Schimmelpilze, können einen extrem geschwächten Menschen hartnäckig befallen. Haut, Haare, Nägel und als Superinfektion kommen große Wunden und großflächige Verbrennungen oder Verätzungen in Frage.

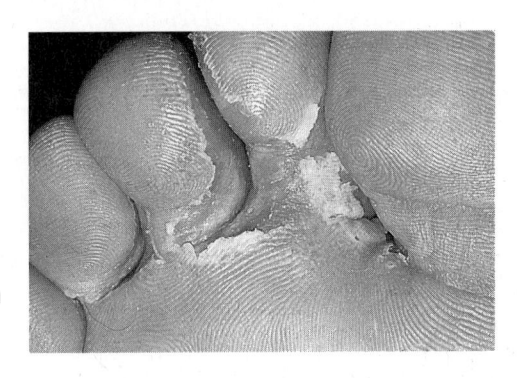

Trage Antworten aus dem Text, dem Biologiebuch und dem Gesundheitslexikon zusammen.

1. An welchen Orten kann man sich am leichtesten mit dem Fußpilz infizieren?

2. Welche Faktoren begünstigen die Entwicklung einer Pilzinfektion?

3. Wie kann man einer Pilzinfektion am besten begegnen?

4. Was ist bei den ersten Anzeichen einer Pilzinfektion zu tun?

Nicht Tier – nicht Pflanze

86

Pilze werden dem 5. Reich der Lebewesen zugeordnet. Sie sind also weder Tier noch Pflanze. Nenne Gründe für ihre Sonderstellung.

kein Chlorophyll, keine Photosynthese, Grundsubstanz Chitin,

völlig unbeweglich (außer Schleimpilze), fädige Struktur

Nach der Art ihres Stoffwechsels bzw. nach ihrer Stellung im Ökosystem, kann man die Pilze noch eindeutiger abgrenzen:

Pflanzen sind **PRODUZENTEN**, Tiere sind **KONSUMENTEN**

und Pilze sind **REDUZENTEN**.

Im folgenden sind einige Formen der heterotrophen Lebensweise der Pilze dargestellt. Schneide die Teile aus und arrangiere sie in deinem Heft um den Begriff: Heterotrophie und zwar so, daß du alle Beispiele in die drei Gruppen der heterotrophen Lebensweise (Bio-, Symbio-, und Saprotrophie) unterteilen kannst. Benenne dann die Beispiele und gib das jeweils verwendete Substrat bzw. die genaue Beziehung an.

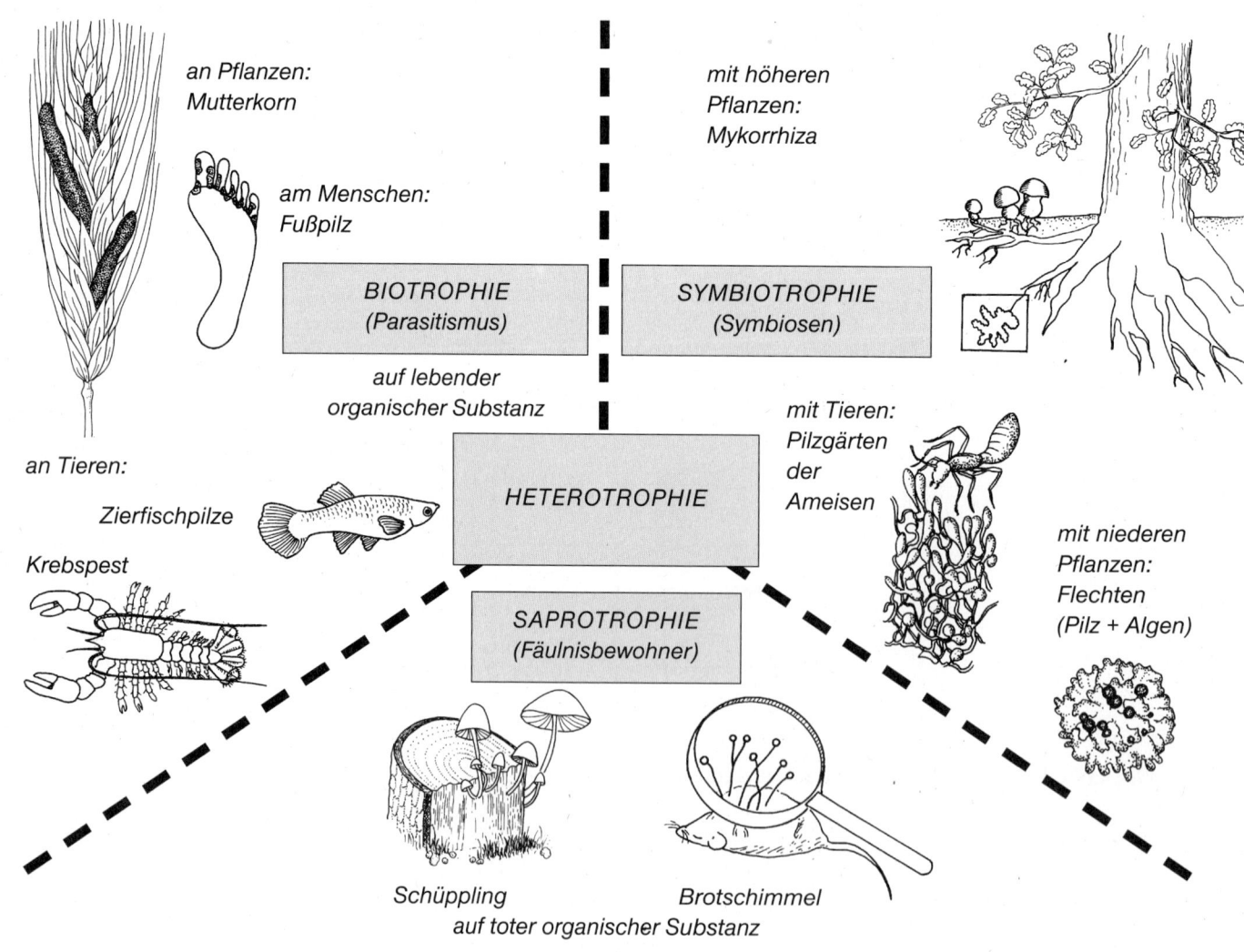

an Pflanzen: Mutterkorn

am Menschen: Fußpilz

mit höheren Pflanzen: Mykorrhiza

BIOTROPHIE (Parasitismus)

SYMBIOTROPHIE (Symbiosen)

auf lebender organischer Substanz

an Tieren: Zierfischpilze

Krebspest

HETEROTROPHIE

mit Tieren: Pilzgärten der Ameisen

mit niederen Pflanzen: Flechten (Pilz + Algen)

SAPROTROPHIE (Fäulnisbewohner)

Schüppling   Brotschimmel

auf toter organischer Substanz

Arbeitsblätter Biologie: Bakterien, Pilze, Viren und Parasiten

Klett

© Ernst Klett Schulbuchverlag GmbH, Stuttgart 1995

ISBN 3-12-031020-4

Von diesen Vorlagen ist die Vervielfältigung für den eigenen Unterrichtsgebrauch gestattet. Die Kopiergebühren sind abgegolten.

Nicht Tier – nicht Pflanze

87

Pilze werden dem 5. Reich der Lebewesen zugeordnet. Sie sind also weder Tier noch Pflanze.
Nenne Gründe für ihre Sonderstellung.

_____

_____

Nach der Art ihres Stoffwechsels bzw. nach ihrer Stellung im Ökosystem, kann man die Pilze noch eindeutiger abgrenzen:

Pflanzen sind _____, Tiere sind _____

und Pilze sind _____ .

Im folgenden sind einige Formen der heterotrophen Lebensweise der Pilze dargestellt. Schneide die Teile aus und arrangiere sie in deinem Heft um den Begriff: Heterotrophie und zwar so, daß du alle Beispiele in die drei Gruppen der heterotrophen Lebensweise (Bio-, Symbio-, und Saprotrophie) unterteilen kannst. Benenne dann die Beispiele und gib das jeweils verwendete Substrat bzw. die genaue Beziehung an.

HETEROTROPHIE

SYMBIOTROPHIE (Symbiosen)

BIOTROPHIE (Parasitismus)

SAPROTROPHIE (Fäulnisbewohner)

Arbeitsblätter Biologie: Bakterien, Pilze, Viren und Parasiten   **Klett**

© Ernst Klett Schulbuchverlag GmbH, Stuttgart 1995   ISBN 3-12-031020-4
Von diesen Vorlagen ist die Vervielfältigung für den eigenen Unterrichtsgebrauch gestattet. Die Kopiergebühren sind abgegolten.

Viren – Aufbau, Formen, Größe

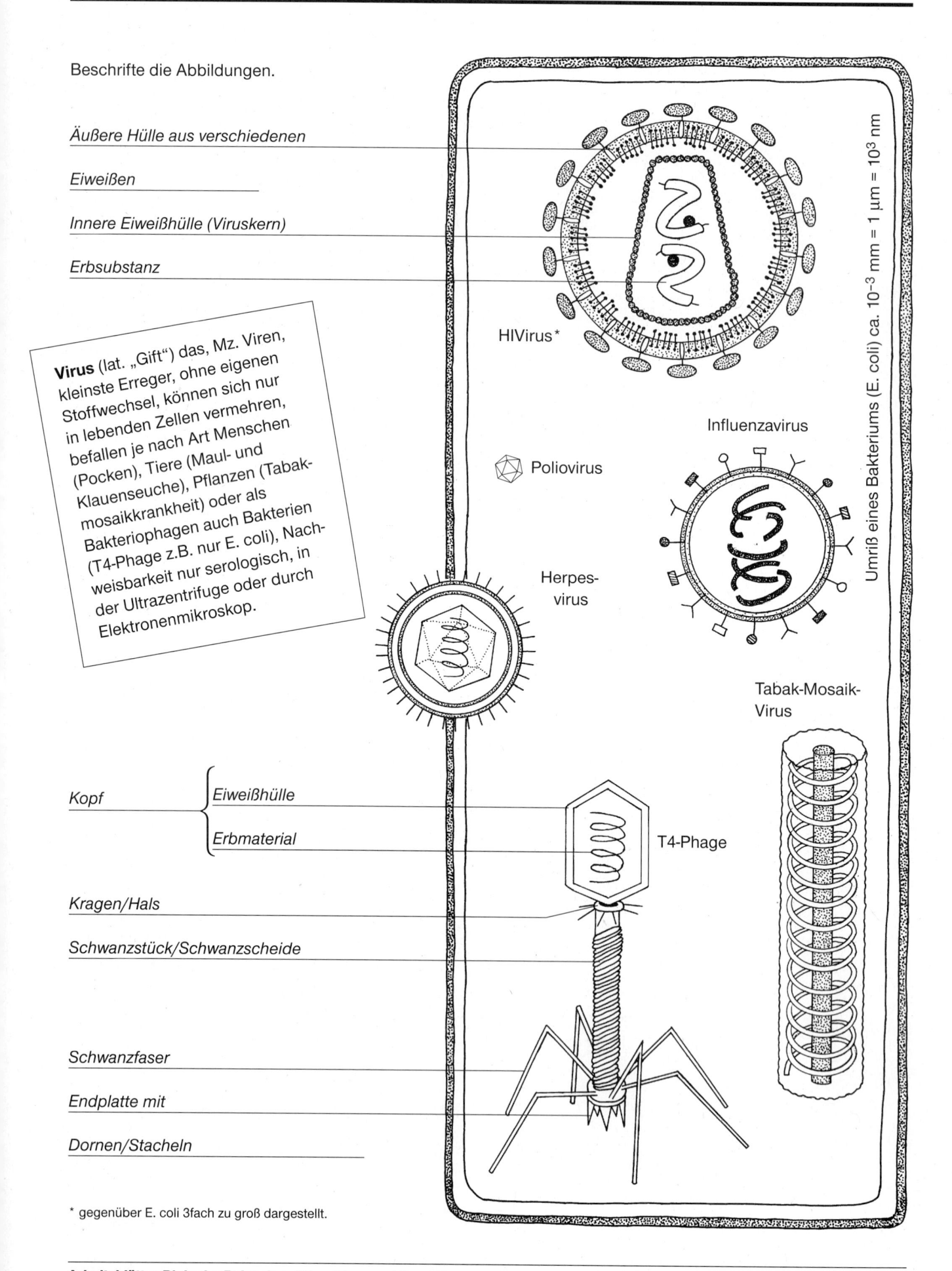

88

Beschrifte die Abbildungen.

Äußere Hülle aus verschiedenen

Eiweißen

Innere Eiweißhülle (Viruskern)

Erbsubstanz

Virus (lat. „Gift") das, Mz. Viren, kleinste Erreger, ohne eigenen Stoffwechsel, können sich nur in lebenden Zellen vermehren, befallen je nach Art Menschen (Pocken), Tiere (Maul- und Klauenseuche), Pflanzen (Tabakmosaikkrankheit) oder als Bakteriophagen auch Bakterien (T4-Phage z.B. nur E. coli), Nachweisbarkeit nur serologisch, in der Ultrazentrifuge oder durch Elektronenmikroskop.

Kopf { Eiweißhülle

Erbmaterial

Kragen/Hals

Schwanzstück/Schwanzscheide

Schwanzfaser

Endplatte mit

Dornen/Stacheln

HIVirus*

Poliovirus

Influenzavirus

Herpesvirus

Tabak-Mosaik-Virus

T4-Phage

Umriß eines Bakteriums (E. coli) ca. 10^{-3} mm = 1 µm = 10^3 nm

* gegenüber E. coli 3fach zu groß dargestellt.

Arbeitsblätter Biologie: Bakterien, Pilze, Viren und Parasiten

Klett

© Ernst Klett Schulbuchverlag GmbH, Stuttgart 1995
ISBN 3-12-031020-4
Von diesen Vorlagen ist die Vervielfältigung für den eigenen Unterrichtsgebrauch gestattet. Die Kopiergebühren sind abgegolten.

Viren – Aufbau, Formen, Größe

Beschrifte die Abbildungen.

Virus (lat. „Gift") das, Mz. Viren, kleinste Erreger, ohne eigenen Stoffwechsel, können sich nur in lebenden Zellen vermehren, befallen je nach Art Menschen (Pocken), Tiere (Maul- und Klauenseuche), Pflanzen (Tabakmosaikkrankheit) oder als Bakteriophagen auch Bakterien (T4-Phage z.B. nur E. coli), Nachweisbarkeit nur serologisch, in der Ultrazentrifuge oder durch Elektronenmikroskop.

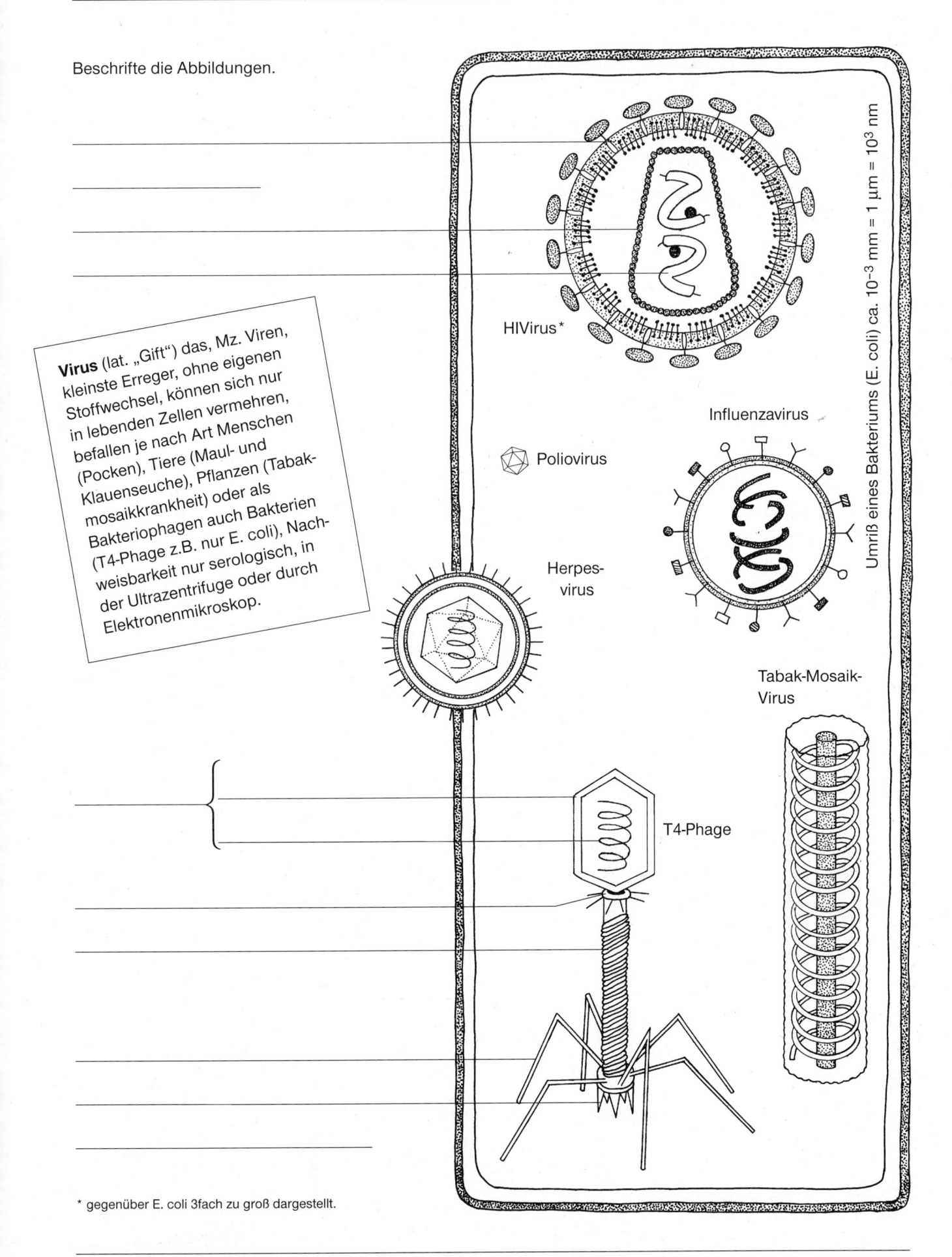

HIVirus*

Poliovirus

Influenzavirus

Herpesvirus

Tabak-Mosaik-Virus

T4-Phage

Umriß eines Bakteriums (E. coli) ca. 10^{-3} mm = 1 µm = 10^3 nm

* gegenüber E. coli 3fach zu groß dargestellt.

Arbeitsblätter Biologie: Bakterien, Pilze, Viren und Parasiten

Klett

© Ernst Klett Schulbuchverlag GmbH, Stuttgart 1995
Von diesen Vorlagen ist die Vervielfältigung für den eigenen Unterrichtsgebrauch gestattet. Die Kopiergebühren sind abgegolten.

ISBN 3-12-031020-4

Masern, eine einmalige Sache?

1. Informiere dich über A: Blutserum, B: Antikörper und C: Antigene und gib stichwortartige Definitionen.

   = Plasma ohne Gerinnungsstoff

   A: *Enthält Wasser, Salze und Immunstoffe ohne die festen Blutbestandteile (z.B. Erythrocyten).*

   B: *Spezifisch wirkende Abwehrstoffe, die nach einiger Zeit gegen Krankheitserreger gebildet werden.*

   C: *Oberflächenstruktur von Erregern gegen die der Körper spezifisch wirkende Antikörper bildet.*

2. Erkläre die folgenden Versuche zur Wirkung und Bedeutung von Antikörpern.

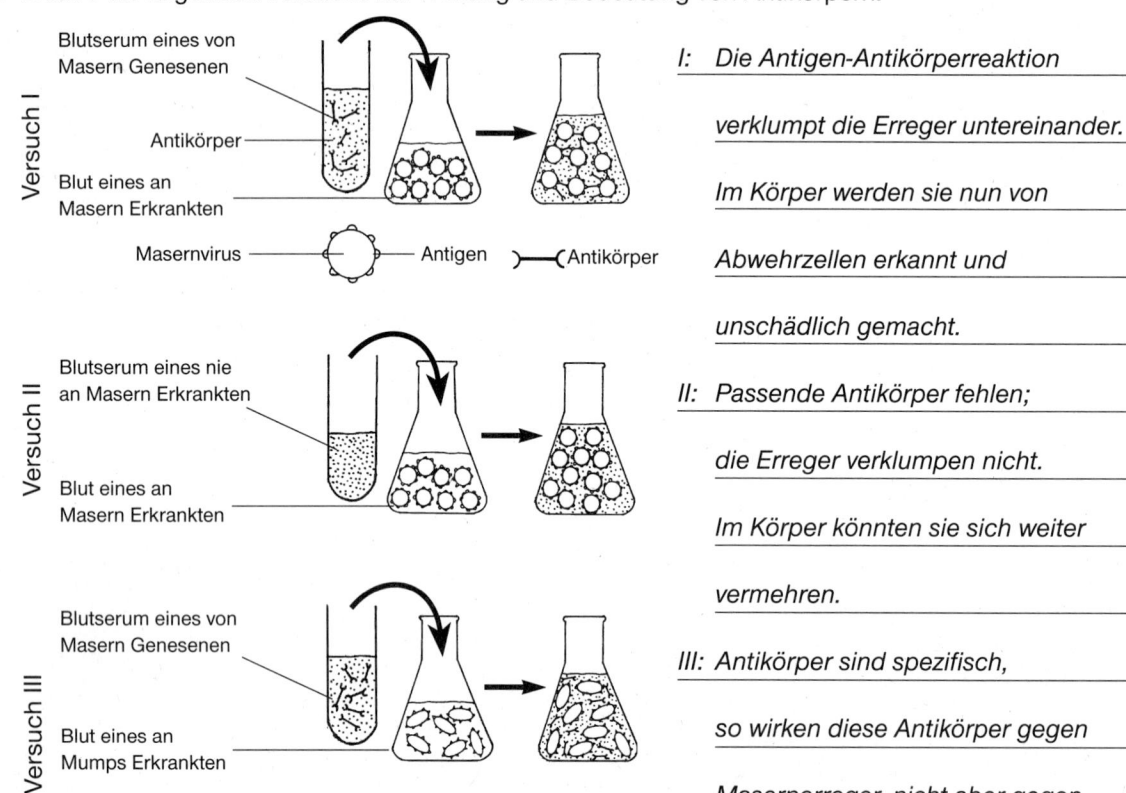

   Versuch I: Blutserum eines von Masern Genesenen (Antikörper) + Blut eines an Masern Erkrankten; Masernvirus — Antigen)—(Antikörper

   I: *Die Antigen-Antikörperreaktion verklumpt die Erreger untereinander. Im Körper werden sie nun von Abwehrzellen erkannt und unschädlich gemacht.*

   Versuch II: Blutserum eines nie an Masern Erkrankten + Blut eines an Masern Erkrankten

   II: *Passende Antikörper fehlen; die Erreger verklumpen nicht. Im Körper könnten sie sich weiter vermehren.*

   Versuch III: Blutserum eines von Masern Genesenen + Blut eines an Mumps Erkrankten; Mumpsvirus — Antigen

   III: *Antikörper sind spezifisch, so wirken diese Antikörper gegen Masernerreger, nicht aber gegen Mumpserreger.*

3. Wie oft kann man an Masern erkranken? Gib eine kurze Begründung für deine Antwort.

   Nur einmal, da die Antikörper nach einer überstandenen Masernerkrankung lebenslang bestehen bleiben (vgl. Versuch I und III).

4. Vermute, warum eine überstandene Grippe keinen Schutz vor erneuter Erkrankung darstellt.

   Grippeviren ändern häufig ihr Antigenmuster; Antikörper wirken aber hochspezifisch nur auf ihre Antigene und nicht auf veränderte „Muster".

Masern, eine einmalige Sache?

1. Informiere dich über A: Blutserum, B: Antikörper und C: Antigene und gib stichwortartige Definitionen.

2. Erkläre die folgenden Versuche zur Wirkung und Bedeutung von Antikörpern.

   Versuch I
   - Blutserum eines von Masern Genesenen
   - Antikörper
   - Blut eines an Masern Erkrankten
   - Masernvirus — Antigen — Antikörper

   Versuch II
   - Blutserum eines nie an Masern Erkrankten
   - Blut eines an Masern Erkrankten

   Versuch III
   - Blutserum eines von Masern Genesenen
   - Blut eines an Mumps Erkrankten
   - Mumpsvirus — Antigen

3. Wie oft kann man an Masern erkranken? Gib eine kurze Begründung für deine Antwort.

4. Vermute, warum eine überstandene Grippe keinen Schutz vor erneuter Erkrankung darstellt.

Arbeitsblätter Biologie: Bakterien, Pilze, Viren und Parasiten

Viren greifen an 92

Benenne die möglichen Viruserkrankungen an den entsprechenden Körperteilen und Organen.

Tollwut, Hirnhautentzündung (Meningitis)

Schnupfen

Mumps/Ziegenpeter

Herpes (Lippenbläschen)

Grippe (Influenza)

Masern, Röteln, Windpocken

Gürtelrose (Herpes zoster)

sekundär: Masern, Mumps

Gastroenteritis (Rotaviren)

Gebärmutterhalskrebs (Onkoviren)

Warzen (Papillomaviren)

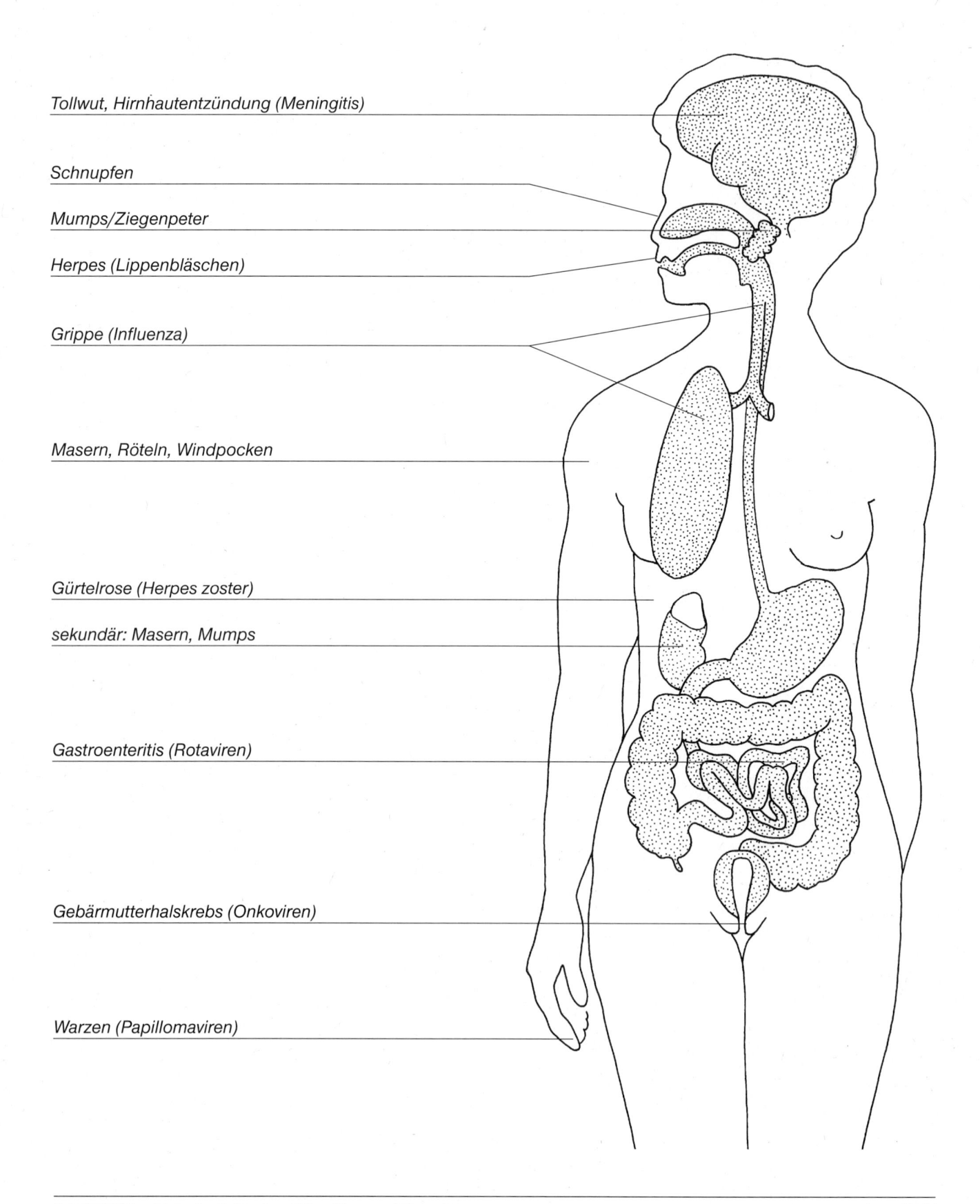

Arbeitsblätter Biologie: Bakterien, Pilze, Viren und Parasiten   **Klett**

© Ernst Klett Schulbuchverlag GmbH, Stuttgart 1995   ISBN 3-12-031020-4
Von diesen Vorlagen ist die Vervielfältigung für den eigenen Unterrichtsgebrauch gestattet. Die Kopiergebühren sind abgegolten.

Viren greifen an

Benenne die möglichen Viruserkrankungen an den entsprechenden Körperteilen und Organen.

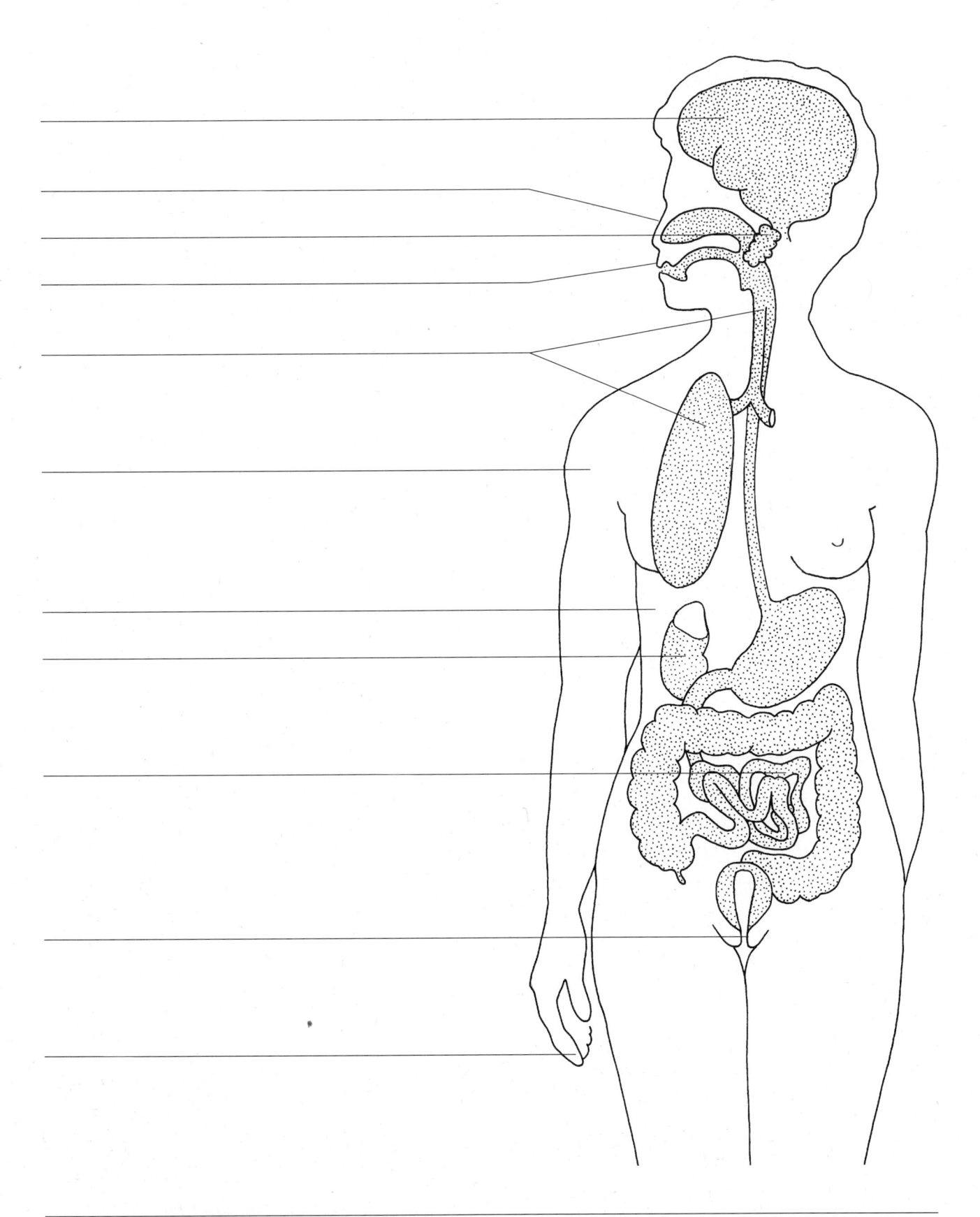

Bakteriophagen – Vermehrung

94

Arbeitsanleitung für das Daumenkino
1. Kopieren
2. Kolorieren
3. Auseinanderschneiden
4. In numerierter Reihenfolge legen
5. Rechts kleinen Überstand lassen
6. Streifen im linken Drittel zusammenheften
7. Daumenkino laufen lassen

1. Bateriophage lysiert Bakterium!

Arbeitsblätter Biologie: Bakterien, Pilze, Viren und Parasiten

Klett

© Ernst Klett Schulbuchverlag GmbH, Stuttgart 1995
ISBN 3-12-031020-4
Von diesen Vorlagen ist die Vervielfältigung für den eigenen Unterrichtsgebrauch gestattet. Die Kopiergebühren sind abgegolten.

Schnupfen und AIDS – ein Vergleich der Abwehr I 95

Aus deinem Biologiebuch ist dir sicher der Ablauf der Abwehr einer Virusinfektion (z.B. Schnupfen, Grippe, Masern) bekannt. Ebenso hast du schon über die Besonderheiten bei einer HIV-Infektion, die später zu AIDS führt, gelesen und gehört. Im folgenden sind zahlreiche Männchen dargestellt, die die verschiedenen Abwehrzellen des Körpers symbolisieren. Schneide die Teile aus und erstelle mit ihrer Hilfe zwei stark vereinfachte Abläufe in deinem Heft.
1. Abwehr des Körpers gegen z.B. Schnupfenviren.
2. Abläufe im Körper bei einer HIV-Infektion

Einfache Symbole für den Erreger ▶ oder für Antikörper ▶ und geeignete Verbindungspfeile mußt du allerdings genauso hinzufügen wie eine ausführliche Beschriftung.

Arbeitsblätter Biologie: Bakterien, Pilze, Viren und Parasiten — Klett

Schnupfeninfektion

96

Aus deinem Biologiebuch ist dir sicher der Ablauf der Abwehr einer Virusinfektion (z.B. Schnupfen, Grippe, Masern) bekannt. Ebenso hast du schon über die Besonderheiten bei einer HIV-Infektion, die später zu AIDS führt, gelesen und gehört. Im folgenden sind zahlreiche Männchen dargestellt, die die verschiedenen Abwehrzellen des Körpers symbolisieren. Schneide die Teile aus und erstelle mit ihrer Hilfe zwei stark vereinfachte Abläufe in deinem Heft:
1. Abwehr des Körpers gegen z.B. Schnupfenviren.
2. Abläufe im Körper bei einer HIV-Infektion

Einfache Symbole für den Erreger ▶ oder für Antikörper ▶ und geeignete Verbindungspfeile mußt du allerdings genauso hinzufügen wie eine ausführliche Beschriftung.

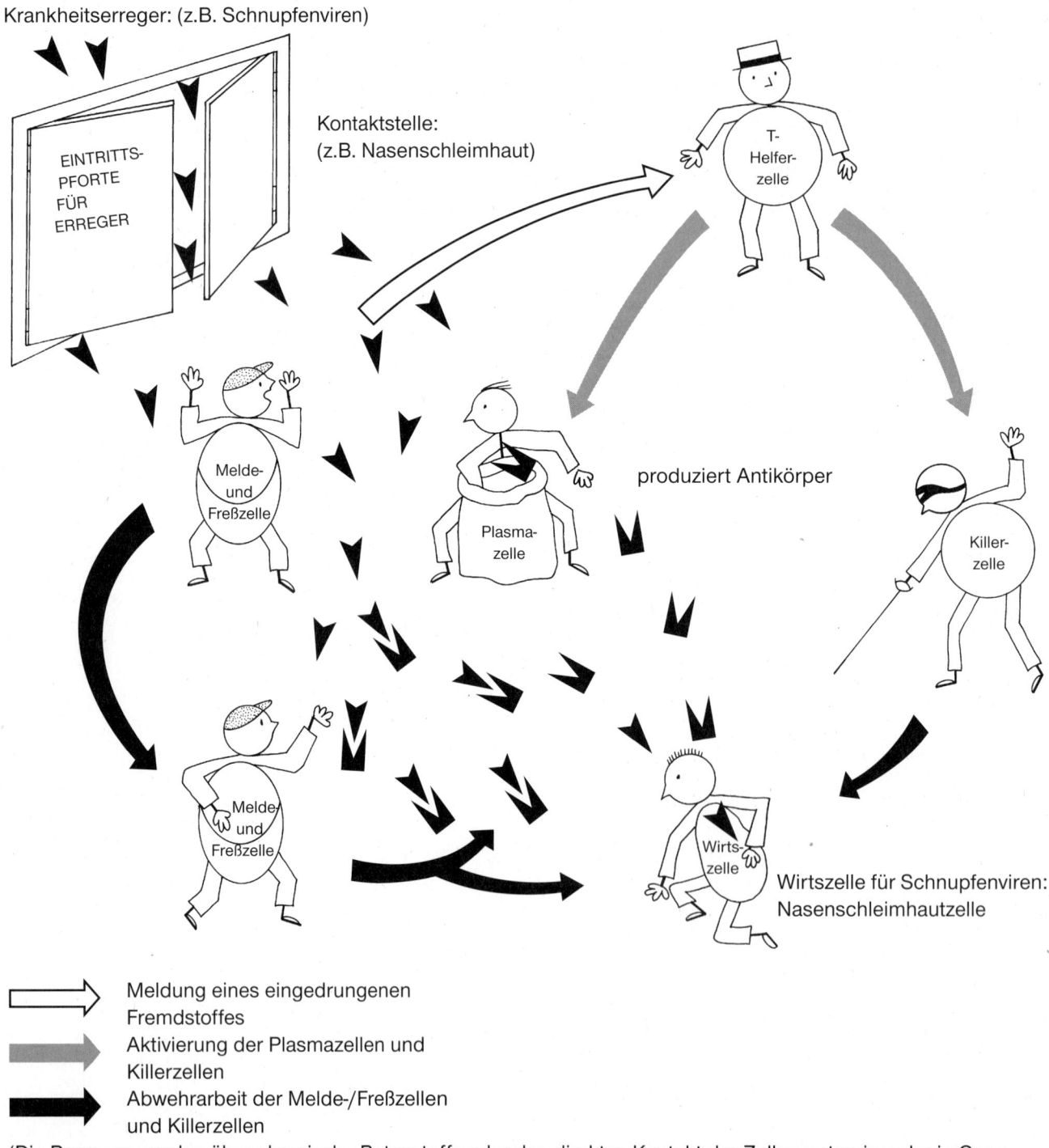

Krankheitserreger: (z.B. Schnupfenviren)

Kontaktstelle: (z.B. Nasenschleimhaut)

EINTRITTSPFORTE FÜR ERREGER

T-Helferzelle

Melde- und Freßzelle

Plasmazelle

produziert Antikörper

Killerzelle

Melde- und Freßzelle

Wirtszelle

Wirtszelle für Schnupfenviren: Nasenschleimhautzelle

⇨ Meldung eines eingedrungenen Fremdstoffes

⇨ Aktivierung der Plasmazellen und Killerzellen

⇨ Abwehrarbeit der Melde-/Freßzellen und Killerzellen

(Die Prozesse werden über chemische Botenstoffe oder den direkten Kontakt der Zellen untereinander in Gang gesetzt)

Arbeitsblätter Biologie: Bakterien, Pilze, Viren und Parasiten   **Klett**

© Ernst Klett Schulbuchverlag GmbH, Stuttgart 1995   ISBN 3-12-031020-4
Von diesen Vorlagen ist die Vervielfältigung für den eigenen Unterrichtsgebrauch gestattet. Die Kopiergebühren sind abgegolten.

HIV-Infektion

Aus deinem Biologiebuch ist dir sicher der Ablauf der Abwehr einer Virusinfektion (z.B. Schnupfen, Grippe, Masern) bekannt. Ebenso hast du schon über die Besonderheiten bei einer HIV-Infektion, die später zu AIDS führt, gelesen und gehört. Im folgenden sind zahlreiche Männchen dargestellt, die die verschiedenen Abwehrzellen des Körpers symbolisieren. Schneide die Teile aus und erstelle mit ihrer Hilfe zwei stark vereinfachte Abläufe in deinem Heft:
1. Abwehr des Körpers gegen z.B. Schnupfenviren.
2. Abläufe im Körper bei einer HIV-Infektion

Einfache Symbole für den Erreger ▶ oder für Antikörper ▶ und geeignete Verbindungspfeile mußt du allerdings genauso hinzufügen wie eine ausführliche Beschriftung.

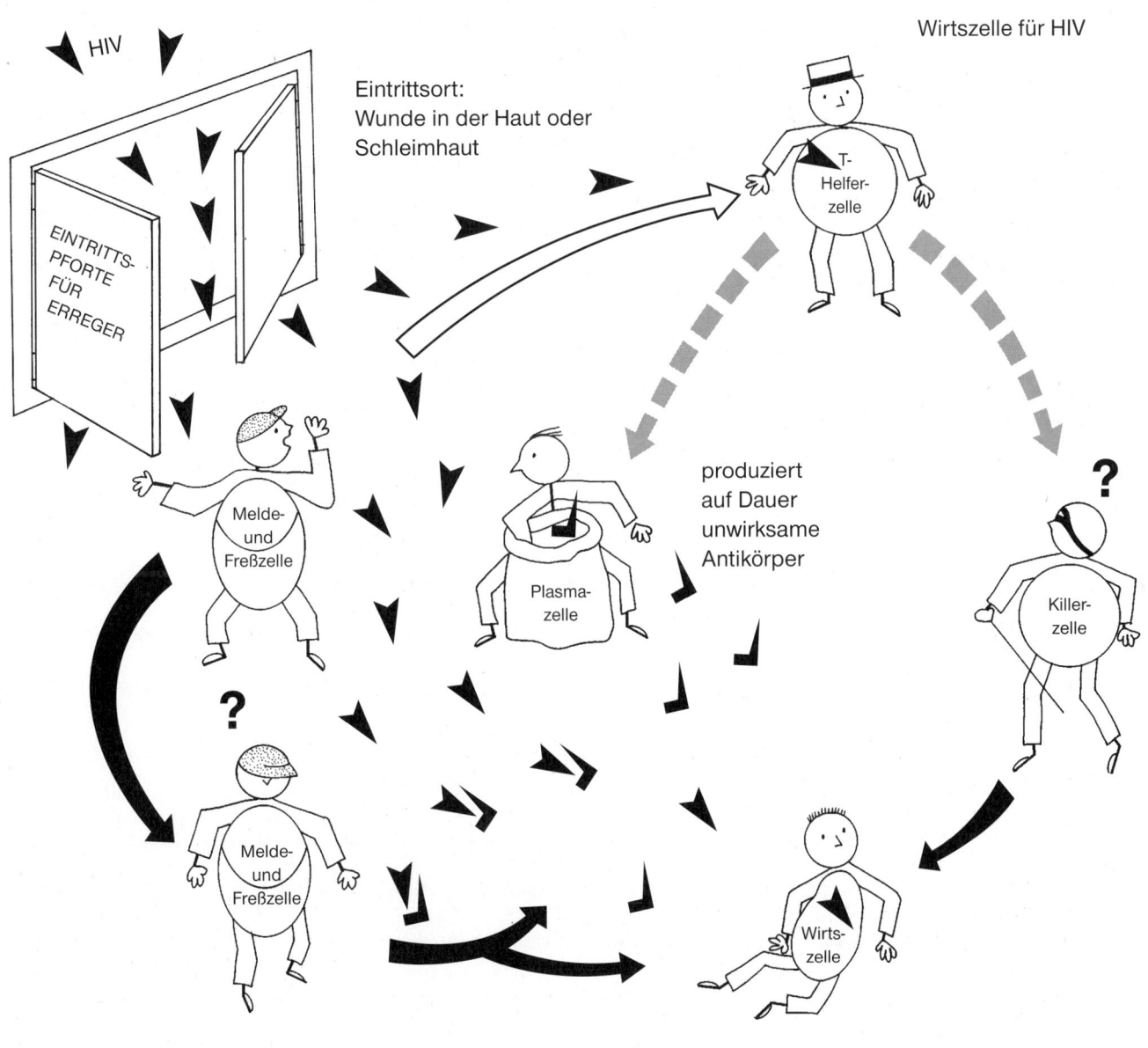

HIV

Eintrittsort:
Wunde in der Haut oder Schleimhaut

EINTRITTSPFORTE FÜR ERREGER

Wirtszelle für HIV

T-Helferzelle

Melde- und Freßzelle

Plasmazelle

produziert auf Dauer unwirksame Antikörper

Killerzelle

?

Melde- und Freßzelle

?

Wirtszelle

Wirtszelle für HIV: auch Gehirnzelle

⟹ Meldung eines eingedrungenen Fremdstoffes

▬▬▶ Fehlerhafte Aktivierung der Plasmazellen und Killerzellen

⬛▶ unvollständige Abwehrarbeit der Melde-/Freßzellen und insbesondere der Killerzellen

(Die Prozesse werden über chemische Botenstoffe oder den direkten Kontakt der Zellen untereinander in Gang gesetzt)

Arbeitsblätter Biologie: Bakterien, Pilze, Viren und Parasiten　**Klett**

Schnupfen und AIDS – ein Vergleich der Abwehr II

Vervollständige die nachfolgenden Texte.

1. Schnupfen

   Wenn Krankheitserreger in den Körper eindringen, dann versuchen _Melde-/Freßzellen_ die Eindringlinge zu verschlingen. Außerdem informieren diese Zellen eine andere Gruppe der weißen Blutkörperchen darüber, welche Eindringlinge da sind. Diese Meldung geht an die _T-Helferzellen_. Diese geben dann nach zwei Seiten hin das Signal zur Gegenwehr:

   - Auf das Signal hin produzieren _Plasmazellen_ passende Abwehrstoffe zu den Krankheitserregern. Man nennt diese Abwehrstoffe _Antikörper_. Sie verbinden sich eng mit den Krankheitserregern, die durch diese Verbindung unschädlich gemacht werden. Die Verbindungen werden von den _Freßzellen_ verschlungen.

   - Auf das Signal hin wird noch eine andere Gruppe von weißen Blutkörperchen mobilisiert: die _Killerzellen_. Sie bewegen sich gezielt auf die befallenen Wirtszellen zu und lösen sie auf.

2. HIV

   Das besonders Gefährliche an HIV ist, daß es sich nicht irgendeine Körperzelle als Wirtszelle sucht, sondern bevorzugt die _T-Helferzelle_, von deren Signalen das Abwehrsystem unseres Körpers weitgehend abhängig ist. HIV dringt in die T-Helferzelle ein, vermehrt sich mit ihrer Hilfe und tötet sie dabei.

   Auf Befehl der T-Helferzellen hin werden Abwehrstoffe gegen HIV von den _Plasmazellen_ freigesetzt. Diese _Antikörper_ können einige Wochen nach der Ansteckung im Blut durch den sogenannten „AIDS-Test" nachgewiesen werden. Die Antikörper gegen HIV sind jedoch offenbar nicht in allen Fällen in der Lage, die Viren dauerhaft unschädlich zu machen; bei vielen Virus-Trägern sind sie anscheinend auf Dauer _unwirksam_. Immer mehr T-Helferzellen werden von den Viren im Körper des Infizierten befallen und getötet, so daß schließlich nur noch wenige funktionsfähige T-Helferzellen vorhanden sind. Dieser Mangel ist daran schuld, daß der Infizierte anderen Krankheitserregern wehrlos ausgeliefert ist: Bei einem AIDS-Kranken ist die Produktion von _Antikörpern_ gestört, und die _Killerzellen_ erhalten keinen Einsatzbefehl mehr. Ein AIDS-Kranker kann dadurch zum Beispiel an einer Lungenentzündung sterben, die für einen Gesunden normalerweise keine Bedrohung darstellt.

   Darüber hinaus befällt HIV auch _Gehirnzellen_. Das führt auf Dauer zu schweren Gehirnschäden.

Schnupfen und AIDS – ein Vergleich der Abwehr II

Vervollständige die nachfolgenden Texte.

1. Schnupfen

    Wenn Krankheitserreger in den Körper eindringen, dann versuchen _____ die Eindringlinge zu verschlingen. Außerdem informieren diese Zellen eine andere Gruppe der weißen Blutkörperchen darüber, welche Eindringlinge da sind. Diese Meldung geht an die _____ . Diese geben dann nach zwei Seiten hin das Signal zur Gegenwehr:

    - Auf das Signal hin produzieren _____ passende Abwehrstoffe zu den Krankheitserregern. Man nennt diese Abwehrstoffe _____. Sie verbinden sich eng mit den Krankheitserregern, die durch diese Verbindung unschädlich gemacht werden. Die Verbindungen werden von den _____ verschlungen.

    - Auf das Signal hin wird noch eine andere Gruppe von weißen Blutkörperchen mobilisiert: die _____ . Sie bewegen sich gezielt auf die befallenen Wirtszellen zu und lösen sie auf.

2. HIV

    Das besonders Gefährliche an HIV ist, daß es sich nicht irgendeine Körperzelle als Wirtszelle sucht, sondern bevorzugt die _____ , von deren Signalen das Abwehrsystem unseres Körpers weitgehend abhängig ist. HIV dringt in die T-Helferzelle ein, vermehrt sich mit ihrer Hilfe und tötet sie dabei. Auf Befehl der T-Helferzellen hin werden Abwehrstoffe gegen HIV von den _____ freigesetzt. Diese _____ können einige Wochen nach der Ansteckung im Blut durch den sogenannten „AIDS-Test" nachgewiesen werden. Die Antikörper gegen HIV sind jedoch offenbar nicht in allen Fällen in der Lage, die Viren dauerhaft unschädlich zu machen; bei vielen Virus-Trägern sind sie anscheinend auf Dauer _____ . Immer mehr T-Helferzellen werden von den Viren im Körper des Infizierten befallen und getötet, so daß schließlich nur noch wenige funktionsfähige T-Helferzellen vorhanden sind. Dieser Mangel ist daran schuld, daß der Infizierte anderen Krankheitserregern wehrlos ausgeliefert ist: Bei einem AIDS-Kranken ist die Produktion von _____ gestört, und die _____ erhalten keinen Einsatzbefehl mehr. Ein AIDS-Kranker kann dadurch zum Beispiel an einer Lungenentzündung sterben, die für einen Gesunden normalerweise keine Bedrohung darstellt.

    Darüber hinaus befällt HIV auch _____ . Das führt auf Dauer zu schweren Gehirnschäden.

Arbeitsblätter Biologie: Bakterien, Pilze, Viren und Parasiten **Klett**

Bildsymbole zur AIDS-Information 100

Wie genau kennst du die Infektionsrisiken?

Verwende die Symbole: ohne Risiko (−)   Risiko (+)

Punktiert bedeutet: HIV-Träger (mit Viren infiziert).

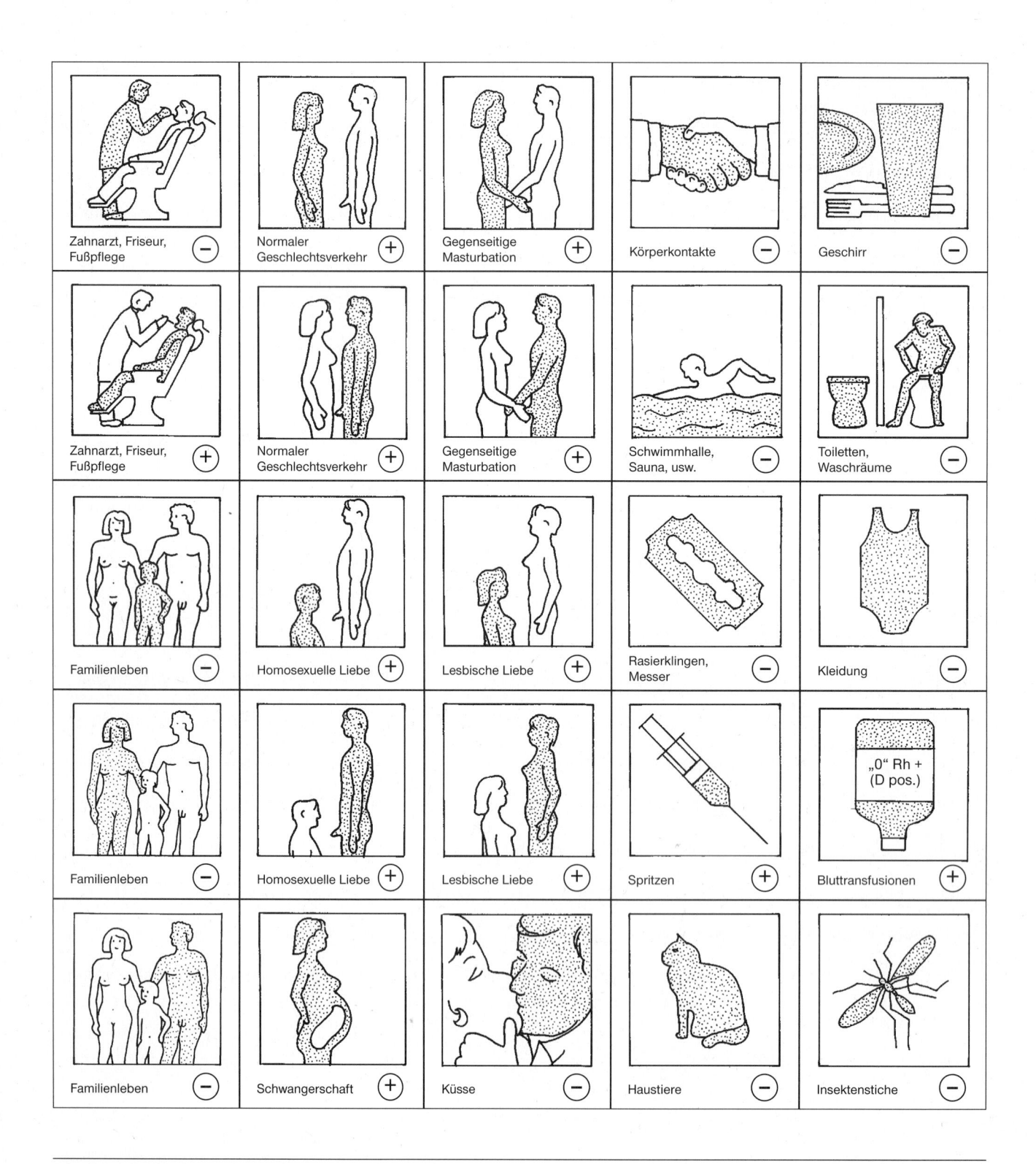

Bild	Bezeichnung	Risiko
	Zahnarzt, Friseur, Fußpflege	−
	Normaler Geschlechtsverkehr	+
	Gegenseitige Masturbation	+
	Körperkontakte	−
	Geschirr	−
	Zahnarzt, Friseur, Fußpflege	+
	Normaler Geschlechtsverkehr	+
	Gegenseitige Masturbation	+
	Schwimmhalle, Sauna, usw.	−
	Toiletten, Waschräume	−
	Familienleben	−
	Homosexuelle Liebe	+
	Lesbische Liebe	+
	Rasierklingen, Messer	−
	Kleidung	−
	Familienleben	−
	Homosexuelle Liebe	+
	Lesbische Liebe	+
	Spritzen	+
	Bluttransfusionen	+
	Familienleben	−
	Schwangerschaft	+
	Küsse	−
	Haustiere	−
	Insektenstiche	−

Arbeitsblätter Biologie: Bakterien, Pilze, Viren und Parasiten Klett

© Ernst Klett Schulbuchverlag GmbH, Stuttgart 1995 ISBN 3-12-031020-4
Von diesen Vorlagen ist die Vervielfältigung für den eigenen Unterrichtsgebrauch gestattet. Die Kopiergebühren sind abgegolten.

Bildsymbole zur AIDS-Information

101

Wie genau kennst du die Infektionsrisiken?

Verwende die Symbole: ohne Risiko (−)   Risiko (+)

Punktiert bedeutet: HIV-Träger (mit Viren behaftet).

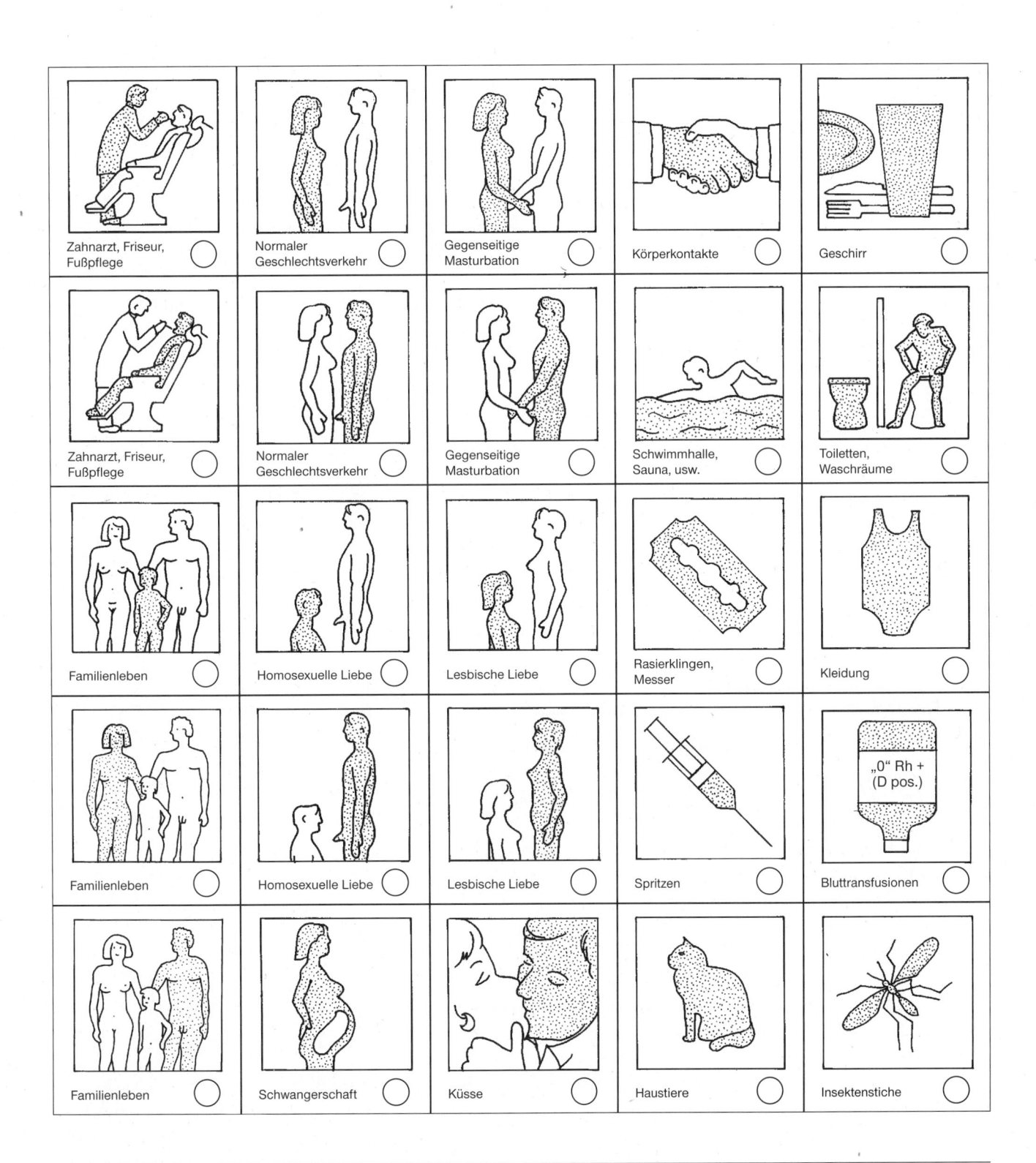

Bild	Bezeichnung		Bild	Bezeichnung		Bild	Bezeichnung		Bild	Bezeichnung		Bild	Bezeichnung
	Zahnarzt, Friseur, Fußpflege ○			Normaler Geschlechtsverkehr ○			Gegenseitige Masturbation ○			Körperkontakte ○			Geschirr ○
	Zahnarzt, Friseur, Fußpflege ○			Normaler Geschlechtsverkehr ○			Gegenseitige Masturbation ○			Schwimmhalle, Sauna, usw. ○			Toiletten, Waschräume ○
	Familienleben ○			Homosexuelle Liebe ○			Lesbische Liebe ○			Rasierklingen, Messer ○			Kleidung ○
	Familienleben ○			Homosexuelle Liebe ○			Lesbische Liebe ○			Spritzen ○			Bluttransfusionen ○
	Familienleben ○			Schwangerschaft ○			Küsse ○			Haustiere ○			Insektenstiche ○

Arbeitsblätter Biologie: Bakterien, Pilze, Viren und Parasiten

Klett

© Ernst Klett Schulbuchverlag GmbH, Stuttgart 1995

ISBN 3-12-031020-4

Von diesen Vorlagen ist die Vervielfältigung für den eigenen Unterrichtsgebrauch gestattet. Die Kopiergebühren sind abgegolten.

Pest und Pocken – Tod und Teufel

Informiere dich über die Krankheiten Pest und Pocken und vergleiche sie tabellarisch.

Unterschiede zwischen Pest und Pocken		
	PEST	POCKEN
ERREGER	Bakterium (Yersinia pestis)	Virus (Pockenvirus)
ÜBERTRAGUNG	Flohstiche	Tröpfcheninfektion von Mensch zu Mensch
KRANKHEITS-SYMPTOME	Drüsenerkrankung (Lymphknoten) in Leisten, Achseln und am Hals, Flohstiche werden zu eitrigen Beulen (Beulenpest), 3 Tage nach dem Stich gelangen die Bakterien mit dem Blut in die Lunge (Lungenpest). Die Ansteckung erfolgt als Tröpfcheninfektion von Mensch zu Mensch.	Inkubation ca. 13 Tage. Linsengroße rote Knötchen am ganzen Körper, aus denen eitrige Pusteln werden, die aufgehen und schwere Narben hinterlassen. Übersteht man die Krankheit, so ist man lebenslang immun, aber narbenmäßig entstellt, insbesondere im Gesicht (Pockennarben).
VERLAUF	Ohne Behandlung tödlich; zum Tode führt eine Blutvergiftung (Sepsis).	Nicht tödlich, aber das hohe Fieber ist lebensgefährlich.
VORBEUGUNG	Normal keine Vorbeugung; Pestimpfung heute möglich.	Impfung als Vorbeugemaßnahme mit Nebenwirkungen, schon seit 2000 Jahren aus Indien und China bekannt.
BEHANDLUNG	Mit Antibiotika.	Nicht direkt, nur Desinfektion und Pflege, Kreislaufunterstützung und Fiebersenkung.
AKTUALITÄT	Nicht ausgerottet; Herde flammen immer wieder auf (1994 ca. 250 Pestfälle in Indien).	Gilt nach WHO seit 1977 als ausgerottet, letzter (?) Fall aus Somalia.

Arbeitsblätter Biologie: Bakterien, Pilze, Viren und Parasiten

Pest und Pocken – Tod und Teufel

Informiere dich über die Krankheiten Pest und Pocken und vergleiche sie tabellarisch.

Unterschiede zwischen Pest und Pocken		
	PEST	POCKEN
ERREGER		
ÜBERTRAGUNG		
KRANKHEITS-SYMPTOME		
VERLAUF		
VORBEUGUNG		
BEHANDLUNG		
AKTUALITÄT		

Arbeitsblätter Biologie: Bakterien, Pilze, Viren und Parasiten

Rasende Wut – Tollwut

Hauptinfektionswege
der Tollwut (Rabies, Lyssa)

······▶ seltene Gefährdung
——▶ hohe Gefährdung

SCHAKAL

WILDKATZE

MARDER

WILDTIER-TOLLWUT
Silvatische Form

HAUSTIER-TOLLWUT
Urbane Form

HYÄNE

SCHWARZWILD

ROTWILD

SCHAF

RIND

WOLF

BLUTSAUGENDE
FLEDERMÄUSE

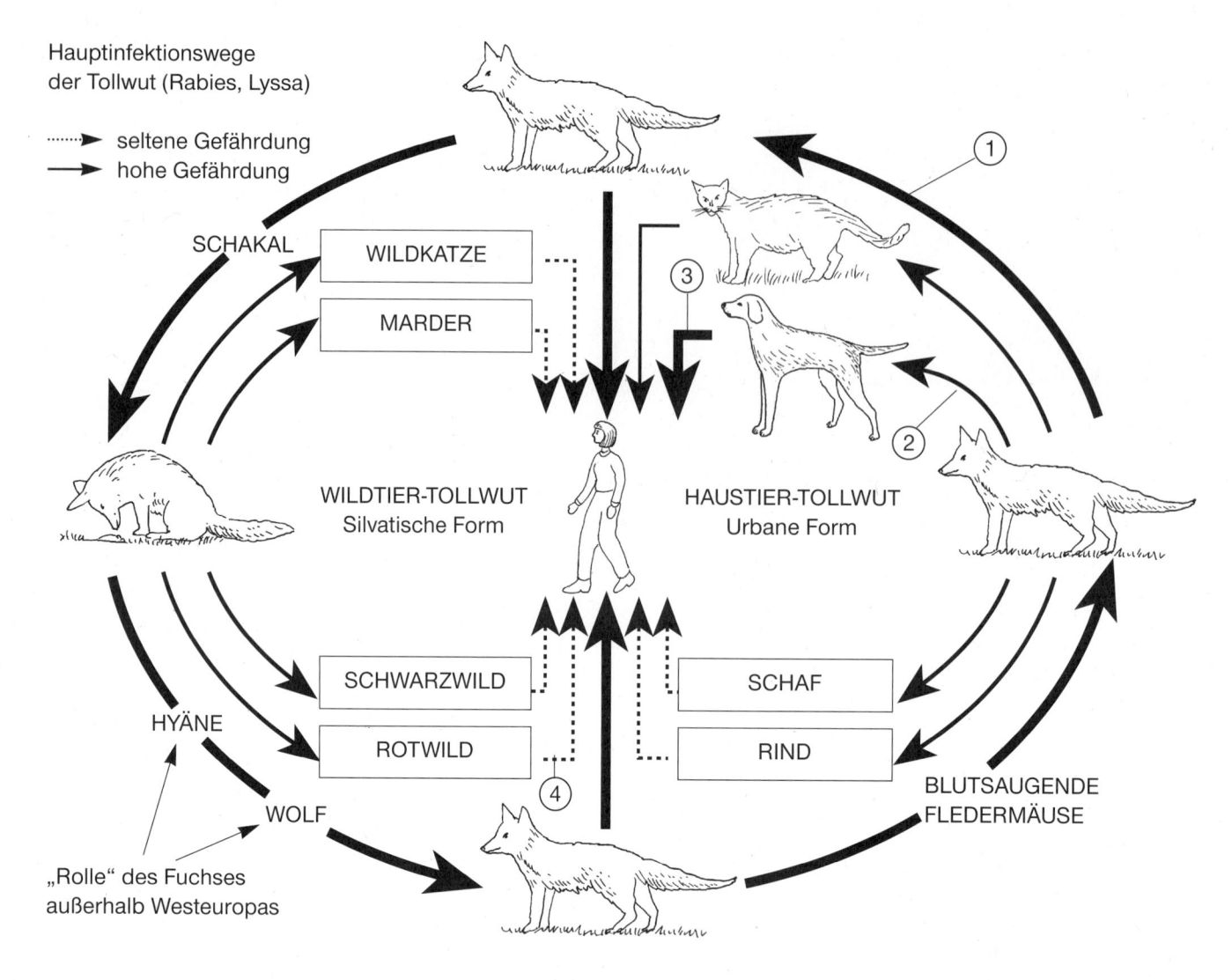

„Rolle" des Fuchses
außerhalb Westeuropas

Andere Länder andere Überträger! Außerhalb von Westeuropa übernehmen die Trägerrolle für das Tollwutvirus Schakal, Hyäne, Wolf oder gar blutsaugende Fledermäuse. Das Virus wird über rohes Fleisch, Blut oder Speichel übertragen.
Überlege an den mit Zahlen gekennzeichneten Beziehungspfeilen, auf welche Art man in diese möglichen Infektionswege unterbindend eingreifen kann.

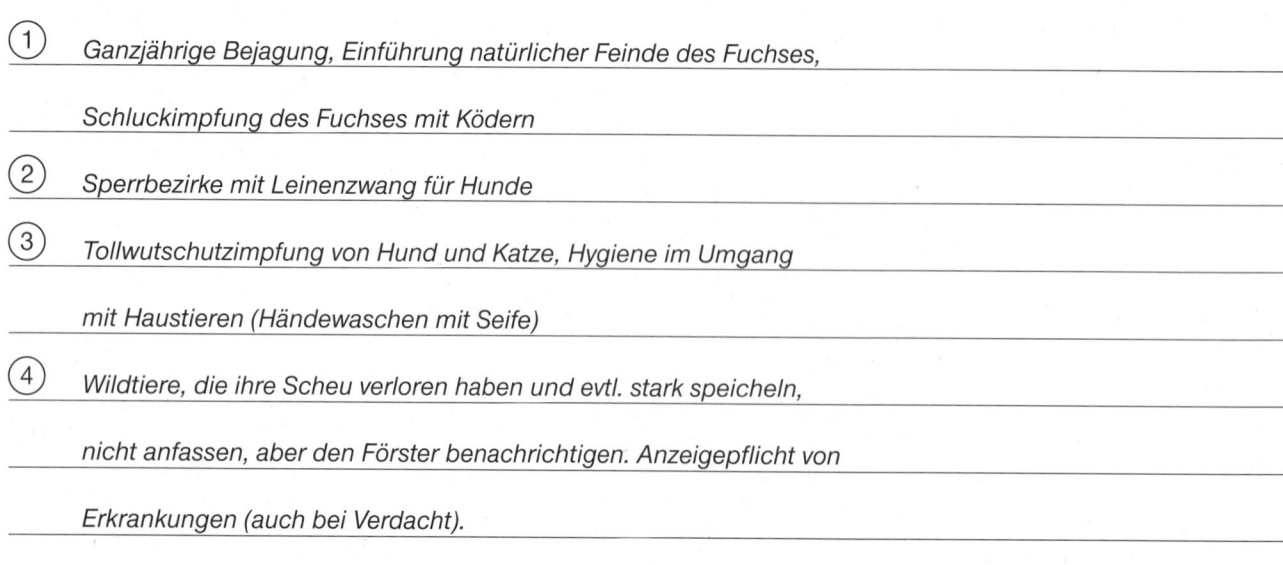

① *Ganzjährige Bejagung, Einführung natürlicher Feinde des Fuchses,*

   Schluckimpfung des Fuchses mit Ködern

② *Sperrbezirke mit Leinenzwang für Hunde*

③ *Tollwutschutzimpfung von Hund und Katze, Hygiene im Umgang*

   mit Haustieren (Händewaschen mit Seife)

④ *Wildtiere, die ihre Scheu verloren haben und evtl. stark speicheln,*

   nicht anfassen, aber den Förster benachrichtigen. Anzeigepflicht von

   Erkrankungen (auch bei Verdacht).

Arbeitsblätter Biologie: Bakterien, Pilze, Viren und Parasiten

Rasende Wut – Tollwut

Hauptinfektionswege
der Tollwut (Rabies, Lyssa)

┈┈▶ seltene Gefährdung
───▶ hohe Gefährdung

SCHAKAL

WILDKATZE

MARDER

HYÄNE

WOLF

„Rolle" des Fuchses
außerhalb Westeuropas

WILDTIER-TOLLWUT
Silvatische Form

HAUSTIER-TOLLWUT
Urbane Form

SCHWARZWILD

ROTWILD

SCHAF

RIND

BLUTSAUGENDE
FLEDERMÄUSE

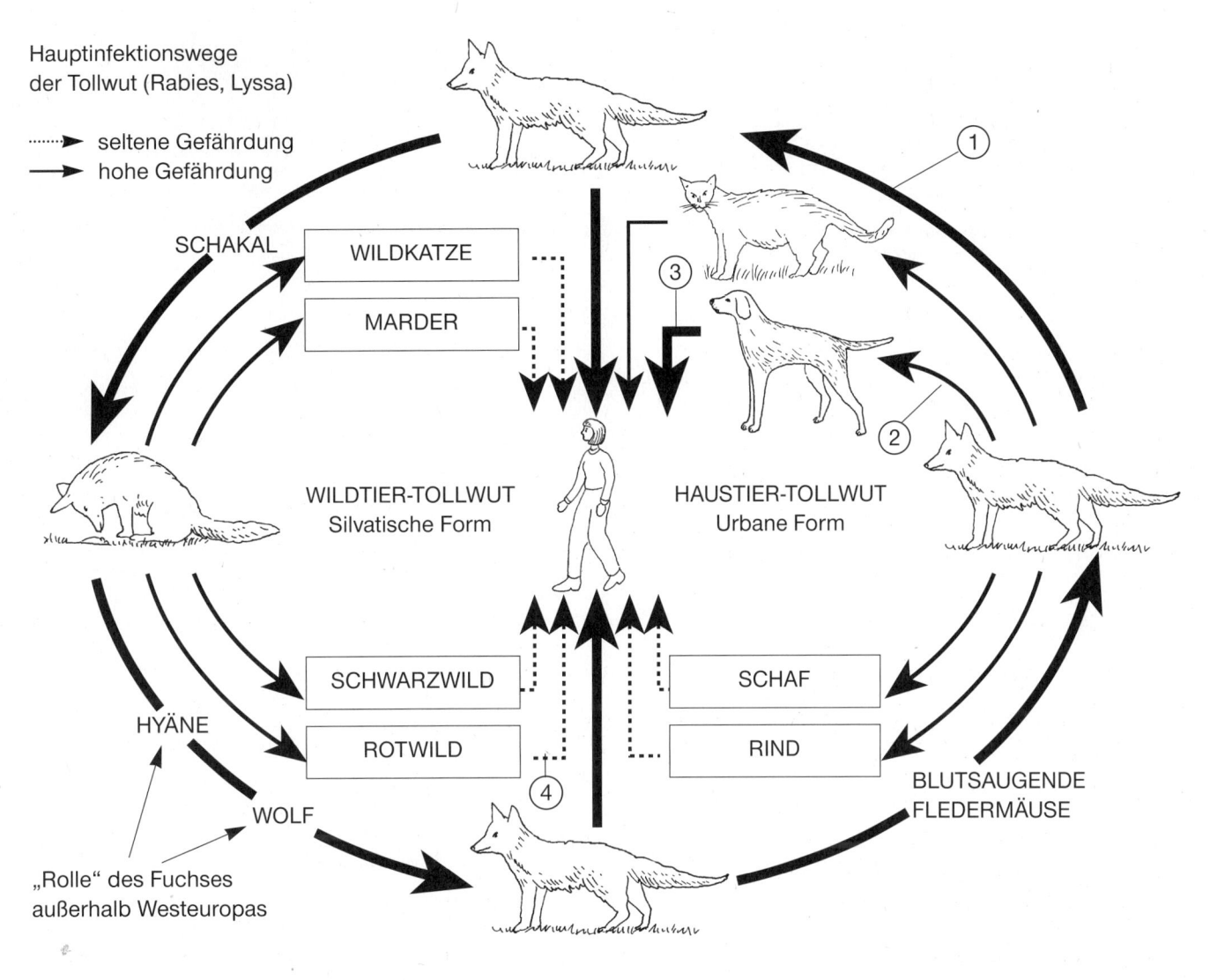

Andere Länder andere Überträger! Außerhalb von Westeuropa übernehmen die Trägerrolle für das Tollwutvirus Schakal, Hyäne, Wolf oder gar blutsaugende Fledermäuse. Das Virus wird über rohes Fleisch, Blut oder Speichel übertragen.
Überlege an den mit Zahlen gekennzeichneten Beziehungspfeilen, auf welche Art man in diese möglichen Infektionswege unterbindend eingreifen kann.

① _____

② _____

③ _____

④ _____

Arbeitsblätter Biologie: Bakterien, Pilze, Viren und Parasiten

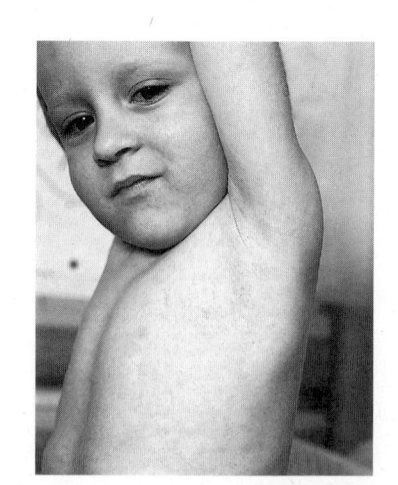

Geschlechtsspezifische Viren?

106

Röteln – Mädchensache?

Sicher ist dir schon aufgefallen, daß in der Schule nur die Mädchen im Alter von 10 bis 12 Jahren an einer freiwilligen Schutzimpfung gegen Röteln teilnehmen, sofern sie nicht schon früher geimpft wurden. Jungen hingegen werden so gut wie nie gegen Röteln geimpft.
Informiere dich über diese Viruserkrankung und versuche die Frage: „Sind Röteln eine reine Mädchensache?" begründet zu beantworten.

Tröpfchen- und Kontaktinfektion durch das Rötelvirus (Togavirus),

Inkubationszeit 14 bis 16 Tage, bevorzugt Kinderkrankheit

im 3. bis 10. Lebensjahr, Lymphknotenschwellungen im Nacken und

hinter den Ohren. Ausgehend vom Gesicht über den ganzen Körper

breitet sich ein rosaroter, fleckiger Hautausschlag aus, Fieber

möglich, meist harmloser unbehandelter Verlauf, selten

Hirnhautentzündung als Komplikation, lebenslange Immunität,

Schutzimpfung seit 1969. Jungen erkranken genauso häufig

wie Mädchen. Im Falle einer Schwangerschaft führt der

Ausbruch von Röteln zu schwersten geistigen und

körperlichen Schäden beim ungeborenen

Kind. Daher ist es sehr sinnvoll, daß

Mädchen die Röteln frühzeitig

durchmachen oder dagegen

geimpft werden.

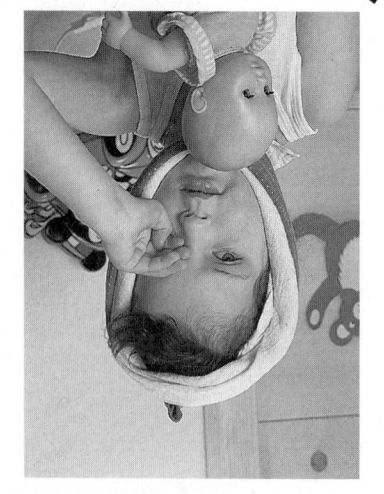

Mumps – Jungensache?

Der Mumps, Ziegenpeter oder Bauernwetzel, ist wie die Röteln eine Viruserkrankung. Wenn überhaupt dagegen geimpft wird, so tut man dies meist nur bei Jungen vor Eintritt in die Pubertät.
Informiere dich über diese Viruserkrankung und versuche die Frage: „Ist Mumps eine reine Jungensache?" begründet zu beantworten.

Tröpfchen- und Kontaktinfektion durch Mumpsviren (Myxoviren),

Inkubationszeit 18 Tage, Kinderkrankheit, bevorzugt im 5. bis 15.

Lebensjahr, Entzündung der Ohrspeicheldrüse(n) und anderer Drüsen,

Fieber um 38°C, meist sehr harmloser Verlauf, weitgehend unbehandelt, lebenslange Immunität, seltene Komplikation: Hirnhautentzündung, Jungen erkranken viel häufiger daran als Mädchen.

Die Komplikation Hodenentzündung kann nur bei reifen

Hoden (also nach der Pubertät) ein- oder zweiseitig

auftreten. Die Folge dieser Entzündung kann

eine lebenslange Unfruchtbarkeit sein.

Das Gesamtrisiko dieser Komplikation

bei Männern wird deutlich über-

bewertet. Eierstockentzündungen bei

erkrankten Frauen sind unbekannt.

Schutzimpfungen sind

insgesamt selten.

Arbeitsblätter Biologie: Bakterien, Pilze, Viren und Parasiten

Klett

© Ernst Klett Schulbuchverlag GmbH, Stuttgart 1995
ISBN 3-12-031020-4
Von diesen Vorlagen ist die Vervielfältigung für den eigenen Unterrichtsgebrauch gestattet. Die Kopiergebühren sind abgegolten.

Geschlechtsspezifische Viren?

107

Röteln – Mädchensache?

Sicher ist dir schon aufgefallen, daß in der Schule nur die Mädchen im Alter von 10 bis 12 Jahren an einer freiwilligen Schutzimpfung gegen Röteln teilnehmen, sofern sie nicht schon früher geimpft wurden. Jungen hingegen werden so gut wie nie gegen Röteln geimpft.
Informiere dich über diese Viruserkrankung und versuche die Frage: „Sind Röteln eine reine Mädchensache?" begründet zu beantworten.

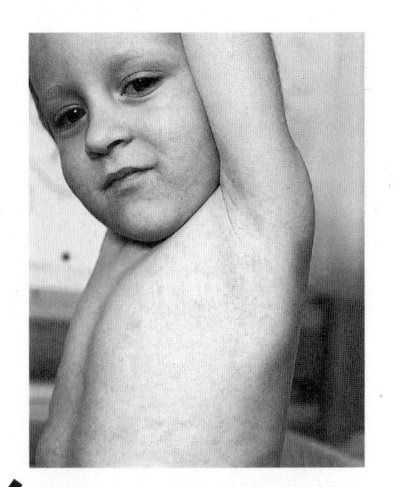

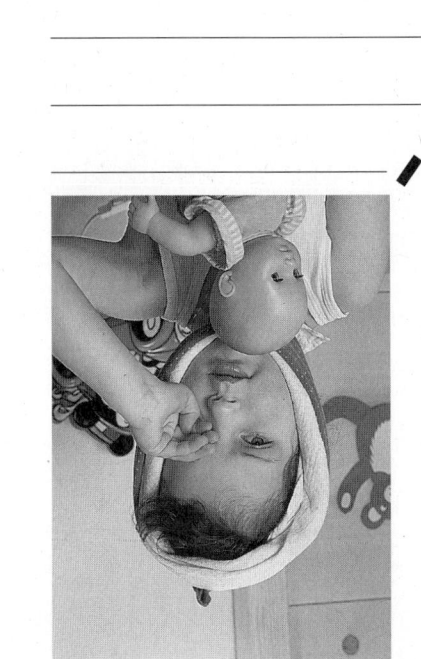

Mumps – Jungensache?

Der Mumps, Ziegenpeter oder Bauernwetzel, ist wie die Röteln eine Viruserkrankung. Wenn überhaupt dagegen geimpft wird, so tut man dies meist nur bei Jungen vor Eintritt in die Pubertät.
Informiere dich über diese Viruserkrankung und versuche die Frage: „Ist Mumps eine reine Jungensache?" begründet zu beantworten.

Arbeitsblätter Biologie: Bakterien, Pilze, Viren und Parasiten

Klett

© Ernst Klett Schulbuchverlag GmbH, Stuttgart 1995
Von diesen Vorlagen ist die Vervielfältigung für den eigenen Unterrichtsgebrauch gestattet. Die Kopiergebühren sind abgegolten.

ISBN 3-12-031020-4

Kinderlähmung ist bitter ...

Information:
Polio, Poliomyelitis oder einfach Kinderlähmung ist schon aus dem alten Ägypten in Einzelfällen bekannt. Die Stele zeigt den Priester Rama, deutlich gekennzeichnet von überstandener Kinderlähmung (ca. 1500 v. Chr.). Die Polioinfektion findet unter schlechten hygienischen Bedingungen im frühen Kindesalter statt.
Merkwürdig erschien den Epidemologen zunächst, daß diese sehr alte Krankheit erst in den fünfziger Jahren dieses Jahrhunderts große epidemische Ausbreitungen erfuhr; so erkrankten in den USA in dieser Zeit jährlich über 20000 Menschen. Die Lösung: Unter schlechteren hygienischen Bedingungen kamen früher fast alle Kinder zeitig mit dem Virus in Kontakt und gewannen Immunität. Erst mit steigenden Hygienestandards konnte sich das Virus unter denen ausbreiten, die nicht frühzeitig eine Immunisierung durchmachen konnten. Es kam zu zahlreichen und schweren Erkrankungen auch bei Erwachsenen.

1. In den Jahren 1960 und 1961 lag die Zahl der Erkrankungen an Kinderlähmung in Deutschland bei über 4000 Fällen, 1962 sank sie auf 250 Fälle pro Jahr und pegelte sich in den nachfolgenden Jahren etwa bei 20 bis 30 Neuerkrankungen ein. Heute rechnet man statistisch mit ca. 10 Fällen/Jahr.
Gib eine Erklärung für diesen extremen Rückgang der Erkrankungen!

    1962 wurde in Deutschland die erste öffentliche Schluckimpfung durchgeführt

    (Schluckimpfung nach SABIN mit abgeschwächten Viren). Um epidemische Ausbreitungen

    zu verhindern, sollten damit ca. 70 % eines Jahrgangs erreicht werden.

2. In welchem Zeitrahmen erfolgen die Impfungen gegen Poliomyelitis?

    Die Schluckimpfung erfolgt bei Säuglingen und Kleinkindern zweimal im Abstand von 6 Wochen, im 2. Lebens-

    jahr zum dritten Mal, im 10. Lebensjahr (und alle weiteren 10 Jahre) Auffrischung.

3. Warum müssen schwer Poliokranke häufig in die „Eiserne Lunge", so wie das Foto aus Amerika zeigt?

    Das Virus lähmt in schweren Fällen

    vorübergehend auch die Atemmuskulatur

    (künstliche Beatmung).

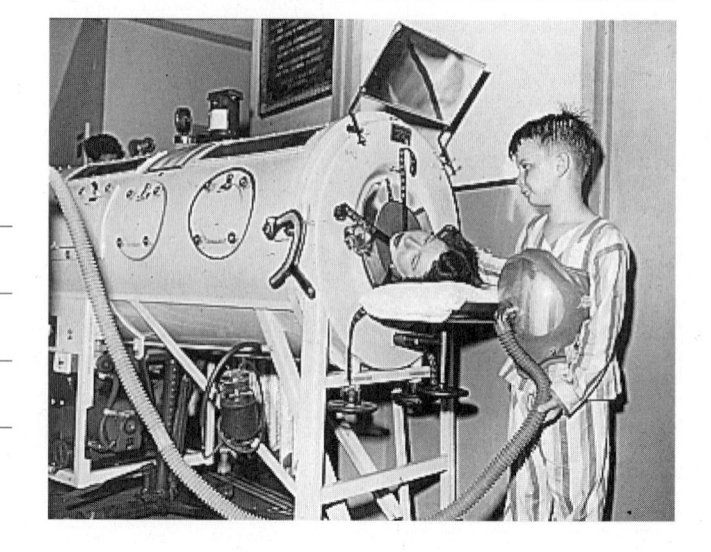

Kinderlähmung ist bitter ...

Information:
Polio, Poliomyelitis oder einfach Kinderlähmung ist schon aus dem alten Ägypten in Einzelfällen bekannt. Die Stele zeigt den Priester Rama, deutlich gekennzeichnet von überstandener Kinderlähmung (ca. 1500 v. Chr.). Die Polioinfektion findet unter schlechten hygienischen Bedingungen im frühen Kindesalter statt.
Merkwürdig erschien den Epidemologen zunächst, daß diese sehr alte Krankheit erst in den fünfziger Jahren dieses Jahrhunderts große epidemische Ausbreitungen erfuhr; so erkrankten in den USA in dieser Zeit jährlich über 20000 Menschen. Die Lösung: Unter schlechteren hygienischen Bedingungen kamen früher fast alle Kinder zeitig mit dem Virus in Kontakt und gewannen Immunität. Erst mit steigenden Hygienestandards konnte sich das Virus unter denen ausbreiten, die nicht frühzeitig eine Immunisierung durchmachen konnten. Es kam zu zahlreichen und schweren Erkrankungen auch bei Erwachsenen.

1. In den Jahren 1960 und 1961 lag die Zahl der Erkrankungen an Kinderlähmung in Deutschland bei über 4000 Fällen, 1962 sank sie auf 250 Fälle pro Jahr und pegelte sich in den nachfolgenden Jahren etwa bei 20 bis 30 Neuerkrankungen ein. Heute rechnet man statistisch mit ca. 10 Fällen/Jahr.
Gib eine Erklärung für diesen extremen Rückgang der Erkrankungen!

2. In welchem Zeitrahmen erfolgen die Impfungen gegen Poliomyelitis?

3. Warum müssen schwer Poliokranke häufig in die „Eiserne Lunge", so wie das Foto aus Amerika zeigt?

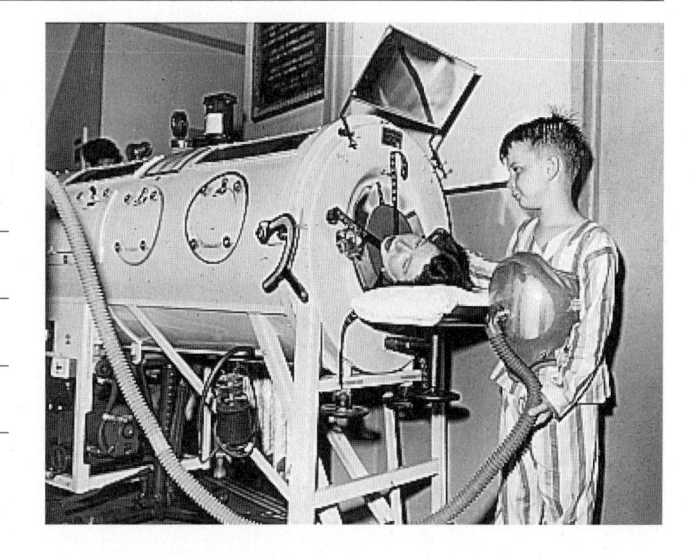

Arbeitsblätter Biologie: Bakterien, Pilze, Viren und Parasiten

Warzen und Hühneraugen

110

Vergleiche in der Tabelle Warzen und Hühneraugen und beschrifte. Dein Biologiebuch und Lexika helfen dir dabei.

WARZE	AUFBAU	HÜHNERAUGE
Bild: Warze mit Beschriftungen: Hornhaut, Keimschicht, Lederhaut, Blutgefäße, Nerv, Unterhautfettgewebe	Hornhaut / Keimschicht / Lederhaut / Blutgefäße / Nerv / Unterhautfettgewebe	*Bild: Hühnerauge*
Verschiedene Papillomaviren	AUSLÖSER	Druck, zu enge Schuhe.
Hände, Füße, Gesicht, Körper, Genitalien.	VORKOMMEN	Auf den Zehen, unter den Fußsohlen.
Stark verhornende Wucherung der Oberhaut, in die Blutgefäße nachschieben (Blutungen beim Kratzen).	BESCHREIBUNG DES KRANKHEITSBILDES	Dicke Hornschichten (Schwiele) als Reaktion („hürnernes Auge") wachsen zapfenartig in die Tiefe (empfindliche Schmerzen).
In der Regel gutartiger Tumor, ästhetisches Problem, Dornwarzen ggf. sehr schmerzhaft.	AUSWIRKUNG	Schmerzhaft
Beim Kratzen sehr groß, austretende Flüssigkeit oder Blut enthält viele Erreger (Eindringen in kleinste Hautritzen und -verletzungen).	ANSTECKUNGSGEFAHR	keine
Ärztliche Behandlung mit salicylhaltigen Präparaten, danach diverse Methoden, z.B. Vereisung mit Flüssigstickstoff oder Elektrokoagulation.	BEHANDLUNG	Ursachenbeseitigung. Erweichen der Hornschichten mit Salicylpflaster, Schälen der Hornschichten (Fußpfleger) oder/und (ärztliche) operative Entfernung.

Arbeitsblätter Biologie: Bakterien, Pilze, Viren und Parasiten

Warzen und Hühneraugen

111

Vergleiche in der Tabelle Warzen und Hühneraugen und beschrifte. Dein Biologiebuch und Lexika helfen dir dabei.

WARZE	AUFBAU	HÜHNERAUGE
	AUSLÖSER	
	VORKOMMEN	
	BESCHREIBUNG DES KRANKHEITSBILDES	
	AUSWIRKUNG	
	ANSTECKUNGSGEFAHR	
	BEHANDLUNG	

Arbeitsblätter Biologie: Bakterien, Pilze, Viren und Parasiten

Klett

© Ernst Klett Schulbuchverlag GmbH, Stuttgart 1995
Von diesen Vorlagen ist die Vervielfältigung für den eigenen Unterrichtsgebrauch gestattet. Die Kopiergebühren sind abgegolten.

ISBN 3-12-031020-4

Parasitäre Lebensformen

1. Ergänze mit Hilfe deines Biologiebuches die Tabelle.

PARASITÄRE FORM	LEBENSWEISE DER PARASITEN	BEISPIEL(E)
EKTOPARASIT	**Auf** der Körperoberfläche des Wirtes	Floh *Läuse*
ENDOPARASIT	*Leben* **im** *Körperinnern* *des Wirtes*	*Bandwürmer* *Leberegel* *Spulwürmer*
FAKULTATIVER PARASIT	*Nur* **gelegentlich** *schmarotzend, sonst frei lebend*	Goldfliegen
OBLIGATER PARASIT	**Zwingend** *mindestens in einer Entwicklungsphase schmarotzend*	*Trichine* *Apfelwickler*
HUMANPARASIT	*Auf oder im* **Menschen**	*Syphiliserreger* *Bandwürmer* *Spulwürmer*
ZOOPARASIT	*Auf oder in* **Tieren**	*Kokzidien* *Lungenwürmer*
PHYTOPARASIT	*Auf oder in* **Pflanzen**	*Schildläuse* Schorfpilze

Information: Sonderformen
Brutparasitismus (Kuckuck), Hyperparasitismus: Parasit auf/in Parasit (Erzwespe), Parasitismus eines Geschlechts (nur weibliche Stechfliegen saugen Blut), Pflanzengallen: umgrenzte Gewebswucherungen (Tiere, Pilze, Bakterien), Halbparasiten: entnehmen nur einige Stoffe dem Wirt (Mistel) und Vollparasiten: entnehmen alle Stoffe dem Wirt (Mehltau, Sommerwurz).

2. Definiere Parasitismus.

Zusammenleben artverschiedener Organismen zum Vorteil des Parasiten und

Nachteil des Wirts (Gegensatz Symbiose, Vorteil auf beiden Seiten).

Parasitäre Lebensformen

1. Ergänze mit Hilfe deines Biologiebuches die Tabelle.

PARASITÄRE FORM	LEBENSWEISE DER PARASITEN	BEISPIEL(E)
EKTOPARASIT	**Auf** der Körperoberfläche des Wirtes	Floh
ENDOPARASIT		
FAKULTATIVER PARASIT		Goldfliegen
OBLIGATER PARASIT		
HUMANPARASIT		
ZOOPARASIT		Kokzidien
PHYTOPARASIT		Schorfpilze

Information: Sonderformen
Brutparasitismus (Kuckuck), Hyperparasitismus: Parasit auf/in Parasit (Erzwespe), Parasitismus eines Geschlechts (nur weibliche Stechfliegen saugen Blut), Pflanzengallen: umgrenzte Gewebswucherungen (Tiere, Pilze, Bakterien), Halbparasiten: entnehmen nur einige Stoffe dem Wirt (Mistel) und Vollparasiten: entnehmen alle Stoffe dem Wirt (Mehltau, Sommerwurz).

2. Definiere Parasitismus.

Arbeitsblätter Biologie: Bakterien, Pilze, Viren und Parasiten Klett
© Ernst Klett Schulbuchverlag GmbH, Stuttgart 1995 ISBN 3-12-031020-4
Von diesen Vorlagen ist die Vervielfältigung für den eigenen Unterrichtsgebrauch gestattet. Die Kopiergebühren sind abgegolten.

Harmlose Blutsauger?

114

Benenne die vorgestellten Plagegeister. Welche Krankheiten können von ihnen übertragen werden? Kreuze an, welche der Blutsauger dir bei uns in Europa lästig werden könnten. Zur Beantwortung der Fragen mußt du evtl. deine örtliche Bibliothek aufsuchen und Fachlexika durchsehen.

○ Sandmücke

Stechmücke

Leishmaniose

Floh

Malaria

Pest

○

Fleckfieber

⊗

Kriebelmücke

Filzlaus

Nematoden

—

⊗

⊗

Gnitze

Krätzmilbe

Nematoden

Krätze

○

⊗

Bremse

Zecke/Holzbock

(Tularämie)

Gehirnhaut-

⊗

entzündung

⊗

Tsetsefliege

Menschenlaus

Schlafkrankheit

Läusefleck-

○

fieber

⊗

○ Raubwanze Bettwanze ⊗

Chagas-   —

Krankheit

Arbeitsblätter Biologie: Bakterien, Pilze, Viren und Parasiten   **Klett**

© Ernst Klett Schulbuchverlag GmbH, Stuttgart 1995   ISBN 3-12-031020-4
Von diesen Vorlagen ist die Vervielfältigung für den eigenen Unterrichtsgebrauch gestattet. Die Kopiergebühren sind abgegolten.

Harmlose Blutsauger? 115

Benenne die vorgestellten Plagegeister. Welche Krankheiten können von ihnen übertragen werden? Kreuze an, welche der Blutsauger dir bei uns in Europa lästig werden könnten. Zur Beantwortung der Fragen mußt du evtl. deine örtliche Bibliothek aufsuchen und Fachlexika durchsehen.

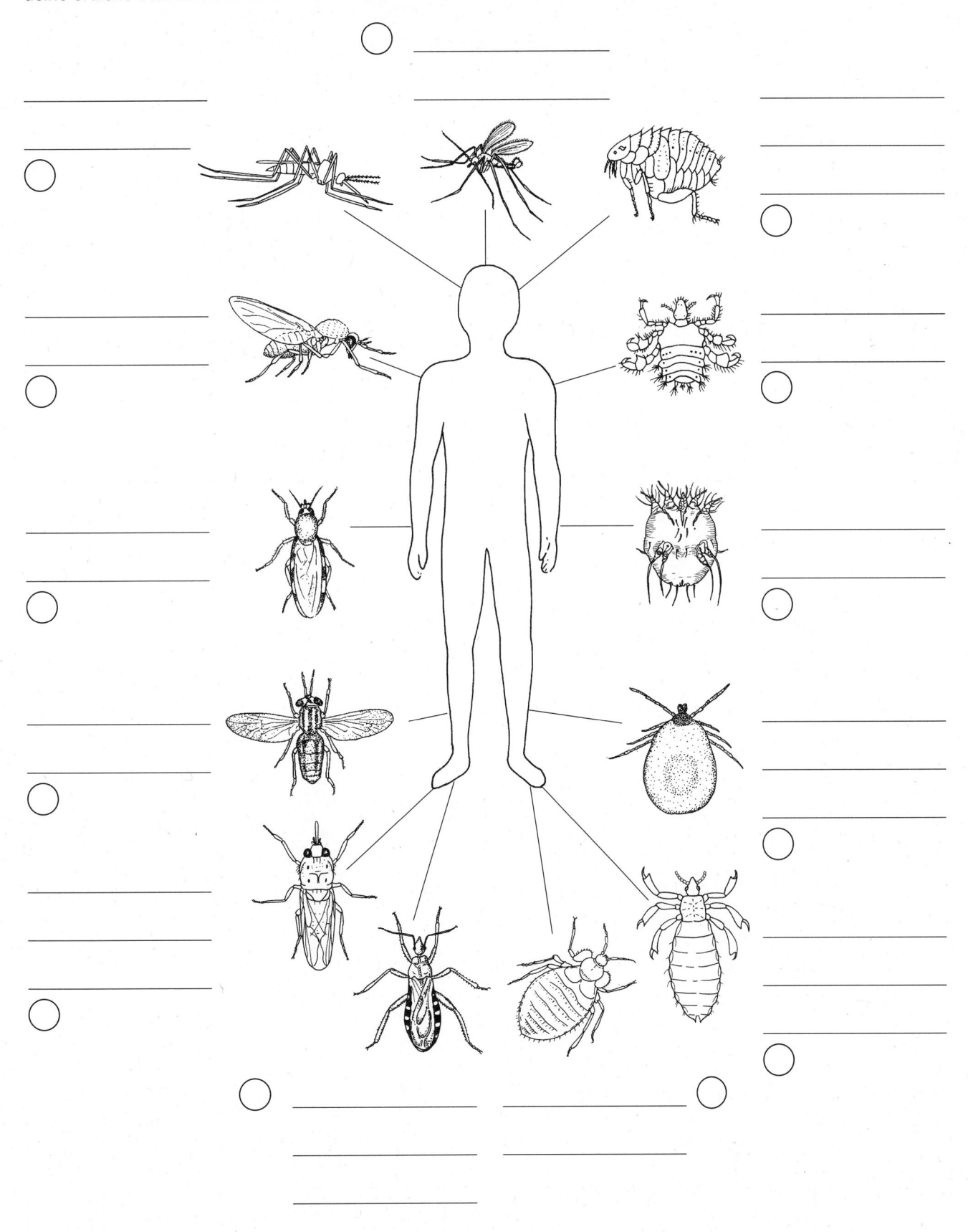

Arbeitsblätter Biologie: Bakterien, Pilze, Viren und Parasiten — Klett

© Ernst Klett Schulbuchverlag GmbH, Stuttgart 1995
ISBN 3-12-031020-4
Von diesen Vorlagen ist die Vervielfältigung für den eigenen Unterrichtsgebrauch gestattet. Die Kopiergebühren sind abgegolten.

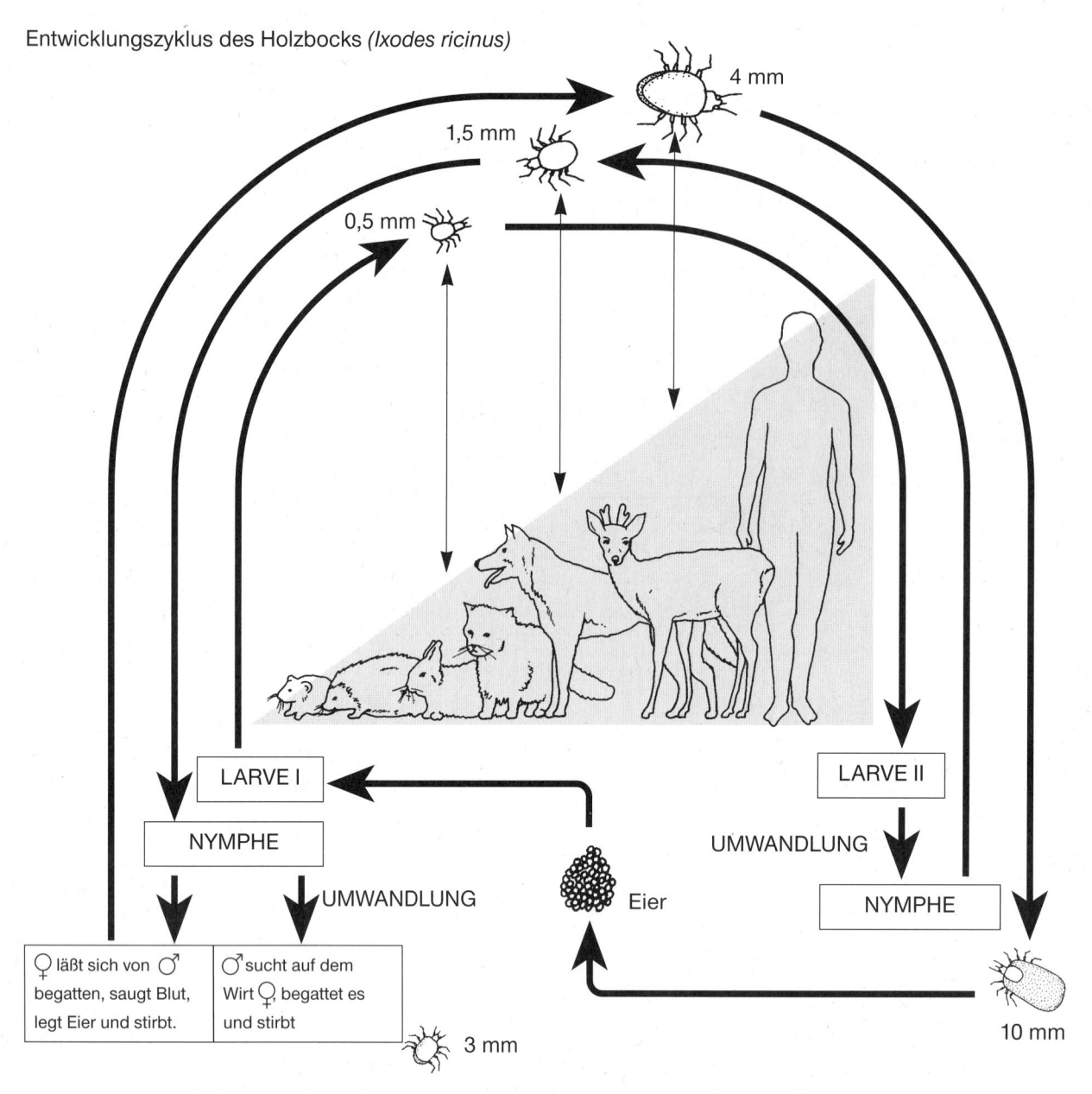

Blutsaugende Holzböcke

116

Entwicklungszyklus des Holzbocks *(Ixodes ricinus)*

4 mm
1,5 mm
0,5 mm

LARVE I
NYMPHE
UMWANDLUNG

♀ läßt sich von ♂ begatten, saugt Blut, legt Eier und stirbt.

♂ sucht auf dem Wirt ♀, begattet es und stirbt

3 mm

Eier

LARVE II
UMWANDLUNG
NYMPHE

10 mm

1. Die Weibchen unserer häufigsten Zecke (Holzbock) legen 500 bis 5000 Eier. Überlege, warum ein so relativ kleines Tier so viele Eier legt.

   Die weibliche Zecke muß 3mal in ihrem Leben Blut saugen, um wieder neue Eier legen zu können. Sie muß

   also 3mal einen passenden Wirt finden und wieder lebend von ihm wegkommen. Je komplizierter die Entwick-

   lung eines Parasiten, desto größer muß die Eizahl zur Arterhaltung sein (vgl. Bandwürmer).

2. Welche Krankheiten werden durch Zecken übertragen?

   Bakterien: Borreliose, Coxiellen (Q-Fieber), Viren: FSME – Frühsommer-Meningoenzephalitis – virusbedingte

   Gehirn- und Rückenmarkentzündung

Arbeitsblätter Biologie: Bakterien, Pilze, Viren und Parasiten **Klett**

© Ernst Klett Schulbuchverlag GmbH, Stuttgart 1995   ISBN 3-12-031020-4
Von diesen Vorlagen ist die Vervielfältigung für den eigenen Unterrichtsgebrauch gestattet. Die Kopiergebühren sind abgegolten.

Blutsaugende Holzböcke

Entwicklungszyklus des Holzbocks *(Ixodes ricinus)*

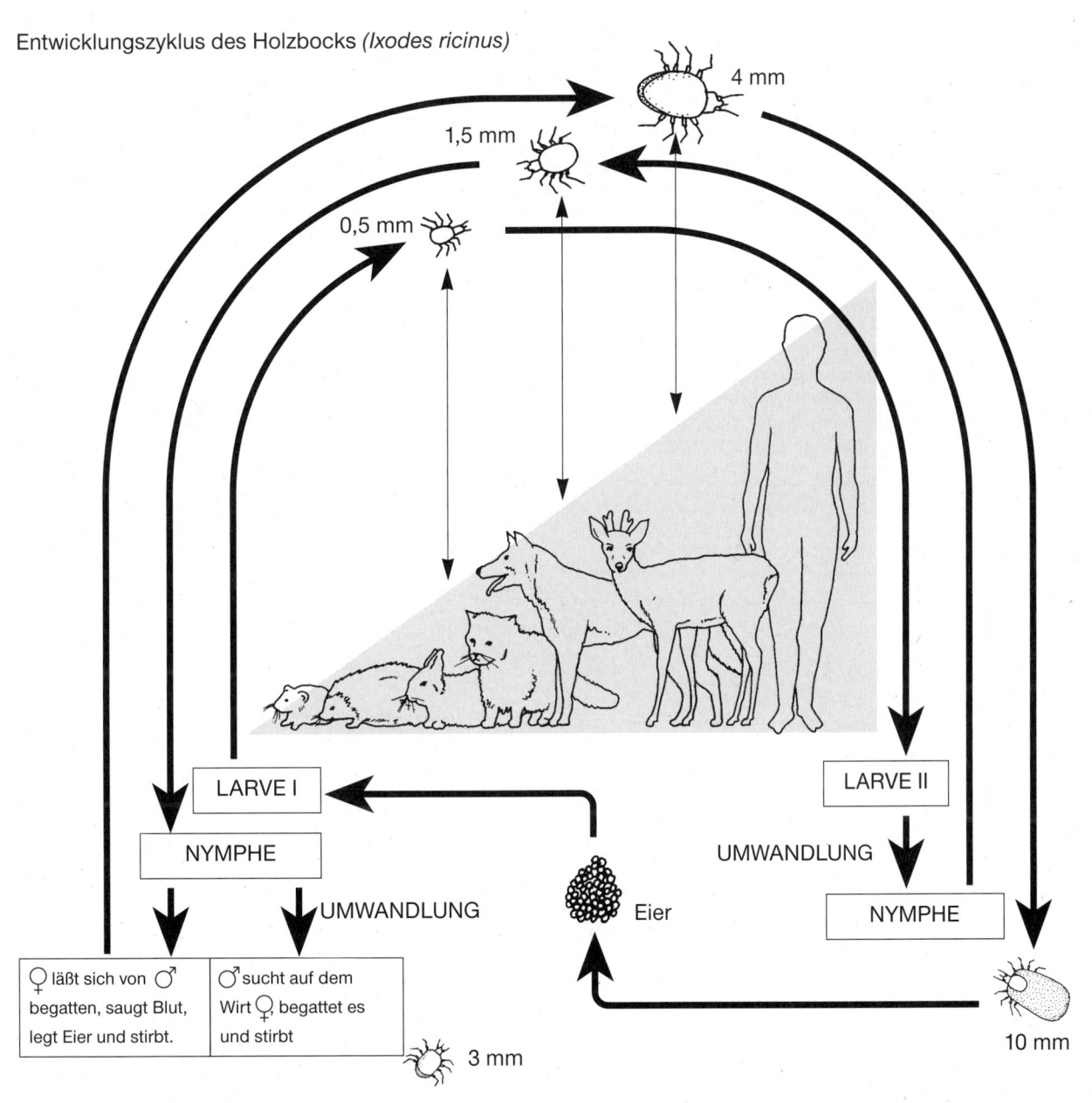

LARVE I — NYMPHE — UMWANDLUNG

♀ läßt sich von ♂ begatten, saugt Blut, legt Eier und stirbt.

♂ sucht auf dem Wirt ♀, begattet es und stirbt

3 mm

Eier

LARVE II — UMWANDLUNG — NYMPHE

10 mm

4 mm / 1,5 mm / 0,5 mm

1. Die Weibchen unserer häufigsten Zecke (Holzbock) legen 500 bis 5000 Eier. Überlege, warum ein so relativ kleines Tier so viele Eier legt.

2. Welche Krankheiten werden durch Zecken übertragen?

Arbeitsblätter Biologie: Bakterien, Pilze, Viren und Parasiten **Klett**

Malaria 118

1. Entwickle aus dem folgenden Fachtext eine übersichtliche, beschriftete Darstellung zu den wesentlichen Abläufen des Vermehrungszyklus der Malariaerreger.

Information:
Die Erreger der verschiedenen Malariaformen sind Einzeller der Klasse Sporentierchen (Plasmodium). Bei den Anophelesmücken (Fiebermücken) saugen, wie auch bei unseren Hausmücken, nur die Weibchen Blut. Dabei injizieren sie gerinnungshemmenden und gewebeverflüssigenden Speichel in die Wunde. Damit gelangen aus den Speicheldrüsen der Mücke infektionsfähige, gefährliche Plasmodienstadien (1) in das Blut des Menschen. Die schlanken, spindelförmigen Zellen (1) suchen Leberzellen (2) auf, in denen sie eine erste ungeschlechtliche Vermehrung (Vielfachteilung) durchführen. Nach dem Platzen der Leberzellen suchen die Erreger (3) rote Blutkörperchen auf und dringen in sie ein (4). Auch in diesen Zellen vermehrt sich der Erreger ungeschlechtlich (5, 6). Platzen die roten Blutkörperchen (7), so kommt es durch die freigesetzten Stoffwechselgifte des Erregers zu einem Fieberanfall. Der Erreger kann den Befall der roten Blutkörperchen mehrfach wiederholen oder sich in den Zellen zu unreifen Geschlechtszellen umbilden (8, 9).
Saugt nun wieder eine Anopheles Blut, so gelangen die Geschlechtszellen (10, 11) mit dem Blut in den Darm der Mücke. Die nun reifenden Geschlechtszellen (13) verschmelzen miteinander zur Zygote (12), die amöboid beweglich ist, die Darmwand der Mücke durchdringt (14) und sich auf der Außenseite des Darms zur Leibeshöhle hin blasenartig abkapselt (15). Es findet eine weitere ungeschlechtliche Vermehrung statt (16). Die schlüpfenden, infektionsfähigen Erreger (17) gelangen über Blut und Leibeshöhle (18) zu den Speicheldrüsen der Anopheles (19). Bei einem erneuten Stich wird ein weiterer Mensch infiziert.

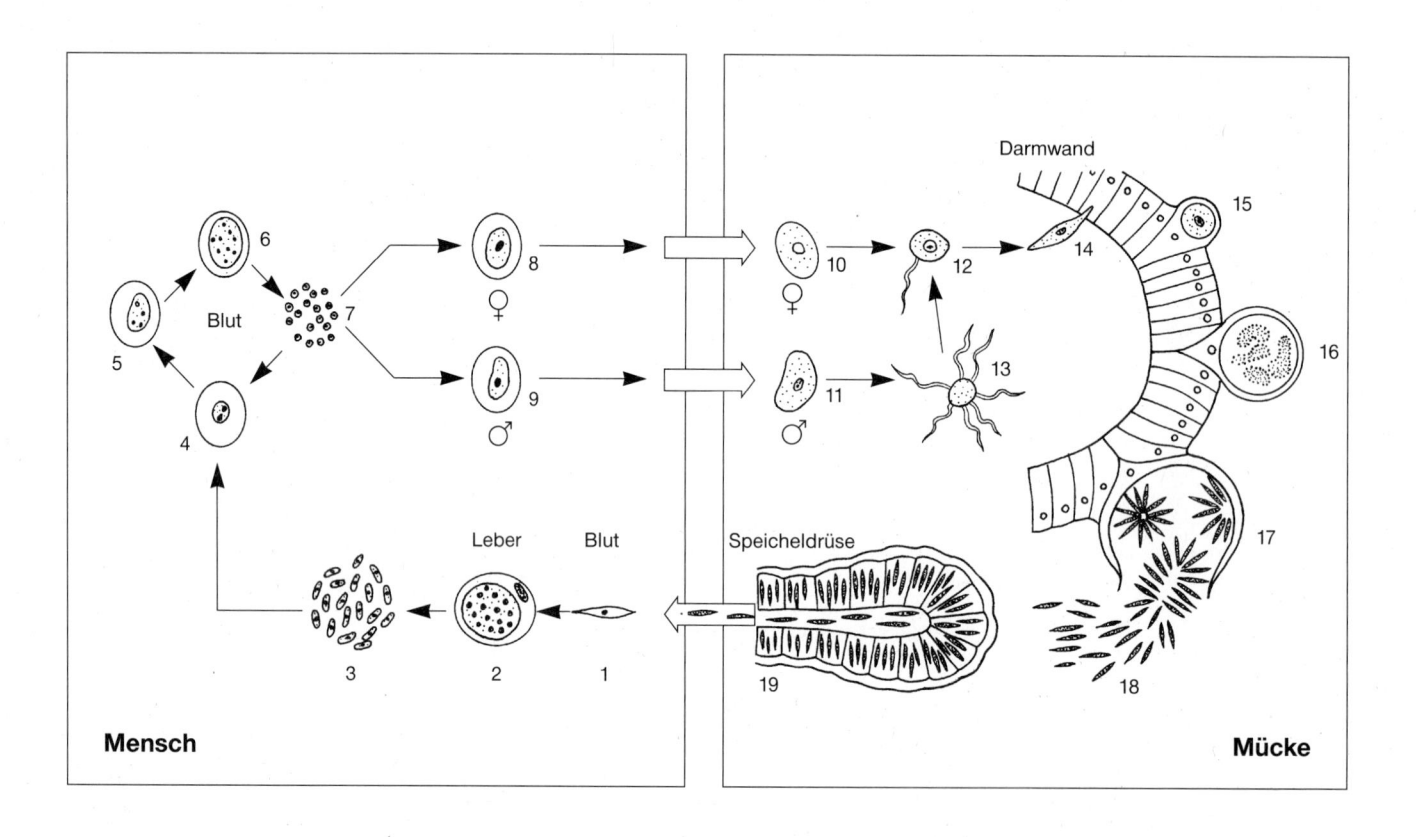

2. Schlage die Definitionen für Zwischenwirt und für Endwirt nach.
Wie bei vielen Parasiten mit Wirts- und Generationswechsel wird auch beim Malariaerreger so unterschieden. Begründe kurz deine Zuordnung.

ZWISCHENWIRT: _Mensch_   ENDWIRT: _Fiebermücke_

Die Abgrenzung zwischen End- und Zwischenwirt erfolgt danach, wo der Parasit

geschlechtsreife Stadien bildet; geschlechtsreife Zellen befinden sich nur in der

Mücke (Endwirt).

Malaria

1. Entwickle aus dem folgenden Fachtext eine übersichtliche, beschriftete Darstellung zu den wesentlichen Abläufen des Vermehrungszyklus der Malariaerreger.

Information:
Die Erreger der verschiedenen Malariaformen sind Einzeller der Klasse Sporentierchen (Plasmodium). Bei den Anophelesmücken (Fiebermücken) saugen, wie auch bei unseren Hausmücken, nur die Weibchen Blut. Dabei injizieren sie gerinnungshemmenden und gewebeverflüssigenden Speichel in die Wunde. Damit gelangen aus den Speicheldrüsen der Mücke infektionsfähige, gefährliche Plasmodienstadien **(1)** in das Blut des Menschen. Die schlanken, spindelförmigen Zellen **(1)** suchen Leberzellen **(2)** auf, in denen sie eine erste ungeschlechtliche Vermehrung (Vielfachteilung) durchführen. Nach dem Platzen der Leberzellen suchen die Erreger **(3)** rote Blutkörperchen auf und dringen in sie ein **(4)**. Auch in diesen Zellen vermehrt sich der Erreger ungeschlechtlich **(5, 6)**. Platzen die roten Blutkörperchen **(7)**, so kommt es durch die freigesetzten Stoffwechselgifte des Erregers zu einem Fieberanfall. Der Erreger kann den Befall der roten Blutkörperchen mehrfach wiederholen oder sich in den Zellen zu unreifen Geschlechtszellen umbilden **(8, 9)**.
Saugt nun wieder eine Anopheles Blut, so gelangen die Geschlechtszellen **(10, 11)** mit dem Blut in den Darm der Mücke. Die nun reifenden Geschlechtszellen **(13)** verschmelzen miteinander zur Zygote **(12)**, die amöboid beweglich ist, die Darmwand der Mücke durchdringt **(14)** und sich auf der Außenseite des Darms zur Leibeshöhle hin blasenartig abkapselt **(15)**. Es findet eine weitere ungeschlechtliche Vermehrung statt **(16)**. Die schlüpfenden, infektionsfähigen Erreger **(17)** gelangen über Blut und Leibeshöhle **(18)** zu den Speicheldrüsen der Anopheles **(19)**. Bei einem erneuten Stich wird ein weiterer Mensch infiziert.

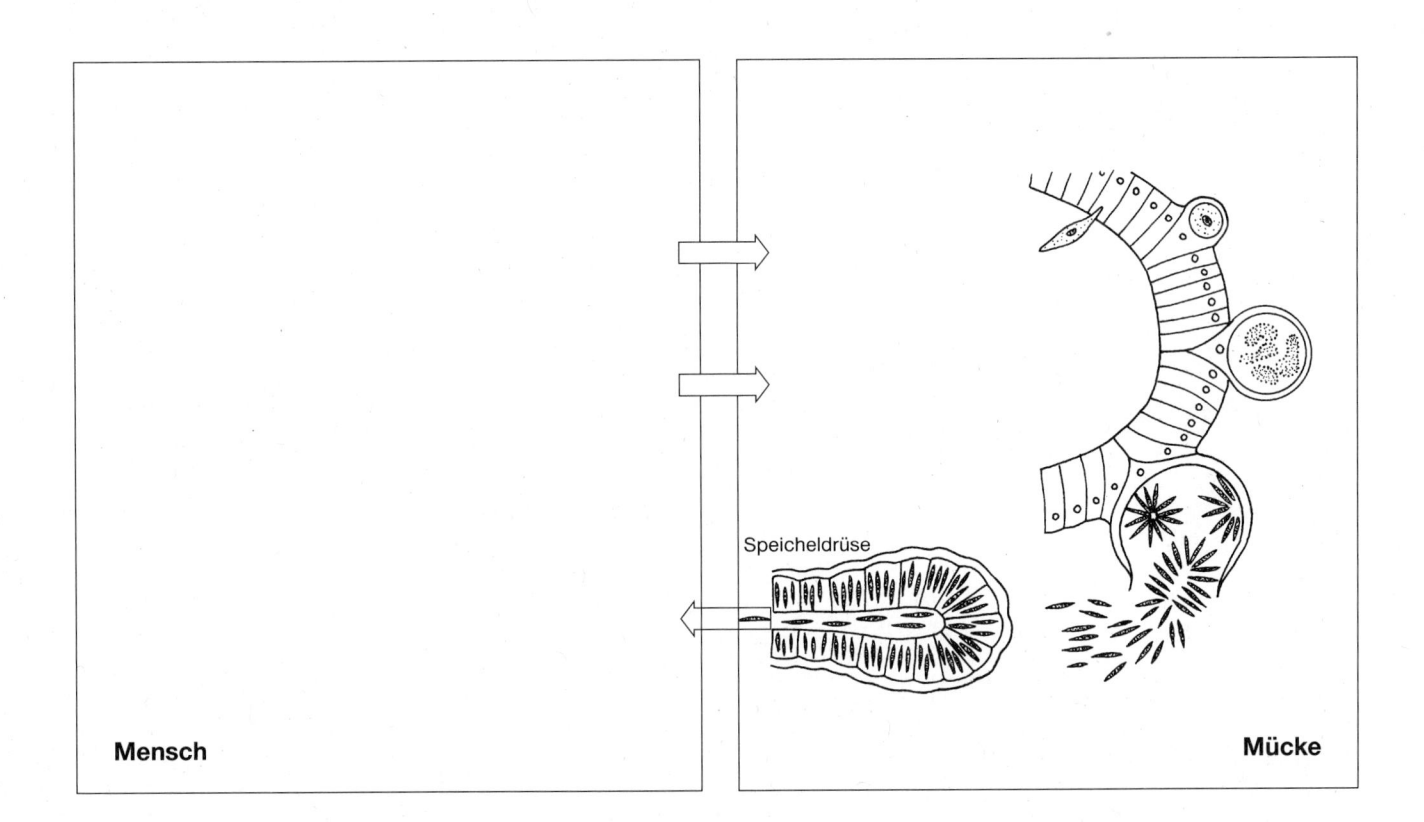

Mensch | **Mücke**

2. Schlage die Definitionen für Zwischenwirt und für Endwirt nach.
Wie bei vielen Parasiten mit Wirts- und Generationswechsel wird auch beim Malariaerreger so unterschieden. Begründe kurz deine Zuordnung.

ZWISCHENWIRT: _____ ENDWIRT: _____

Großer Leberegel I

1. Beschrifte die Abbildung.

   Natürliche Größe

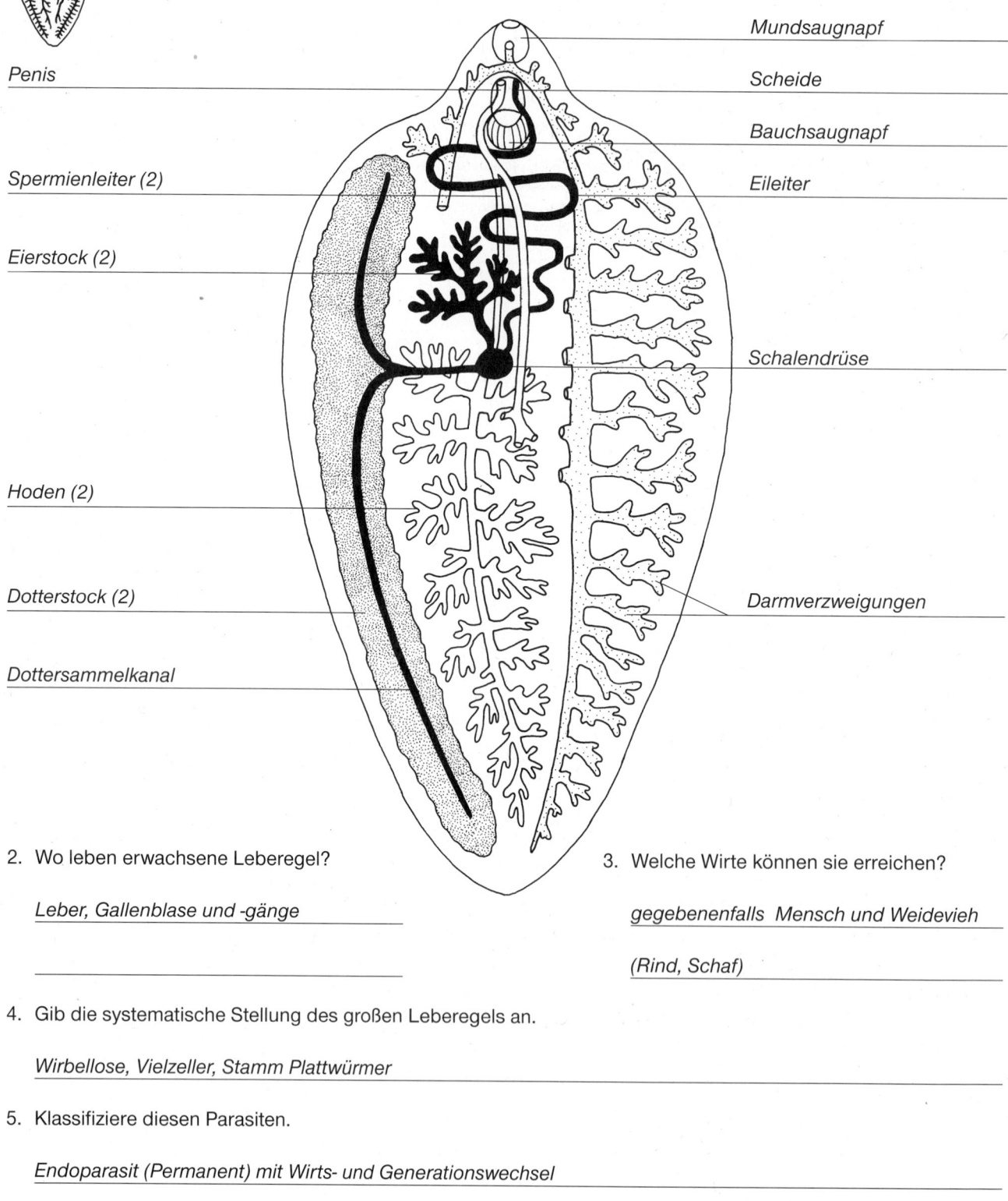

   Labels:
   - Mundsaugnapf
   - Scheide
   - Bauchsaugnapf
   - Penis
   - Spermienleiter (2)
   - Eileiter
   - Eierstock (2)
   - Schalendrüse
   - Hoden (2)
   - Dotterstock (2)
   - Darmverzweigungen
   - Dottersammelkanal

2. Wo leben erwachsene Leberegel?

   Leber, Gallenblase und -gänge

3. Welche Wirte können sie erreichen?

   gegebenenfalls Mensch und Weidevieh
   (Rind, Schaf)

4. Gib die systematische Stellung des großen Leberegels an.

   Wirbellose, Vielzeller, Stamm Plattwürmer

5. Klassifiziere diesen Parasiten.

   Endoparasit (Permanent) mit Wirts- und Generationswechsel

Arbeitsblätter Biologie: Bakterien, Pilze, Viren und Parasiten

Großer Leberegel I

1. Beschrifte die Abbildung.

   Natürliche Größe

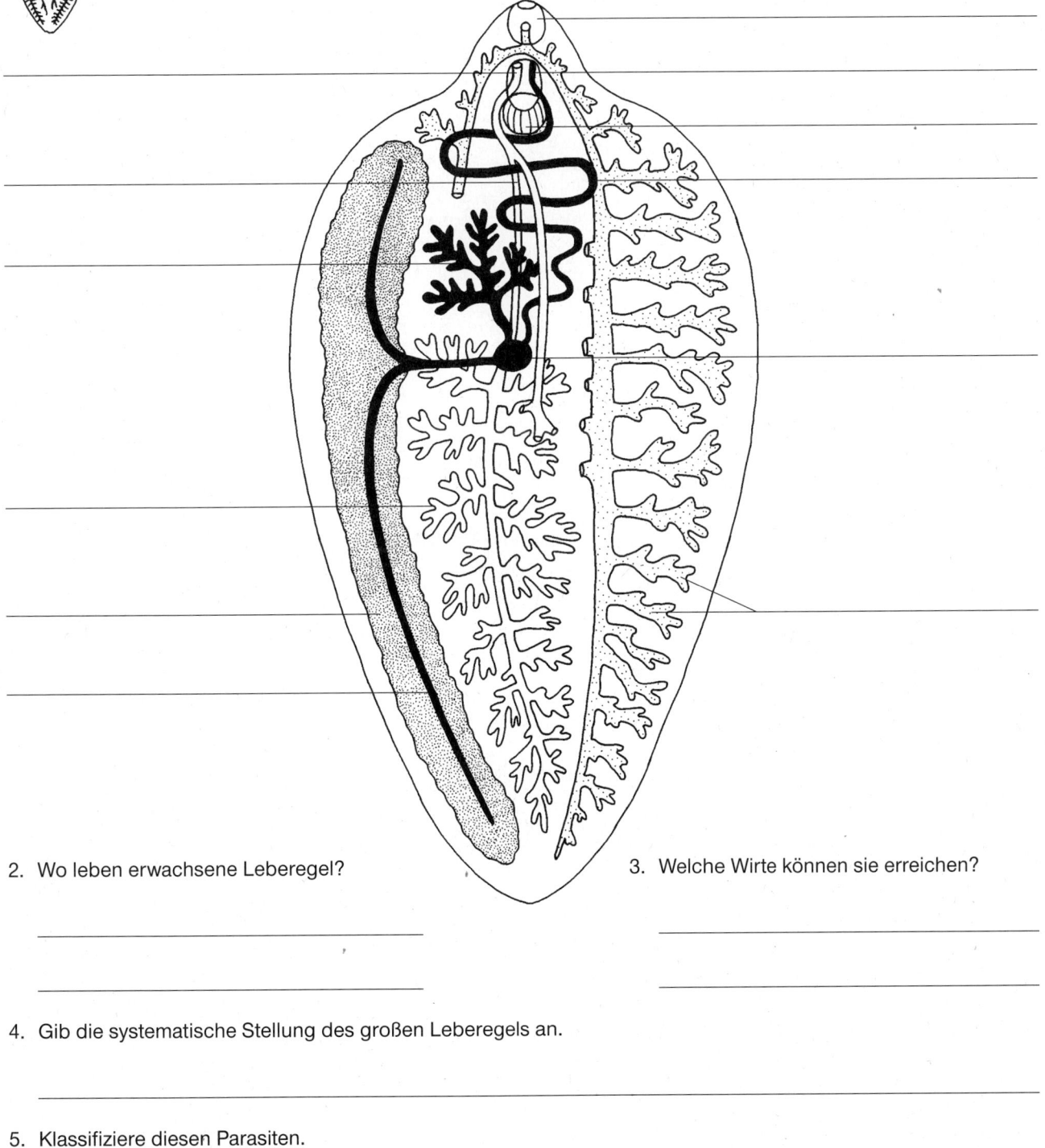

2. Wo leben erwachsene Leberegel?

3. Welche Wirte können sie erreichen?

4. Gib die systematische Stellung des großen Leberegels an.

5. Klassifiziere diesen Parasiten.

Arbeitsblätter Biologie: Bakterien, Pilze, Viren und Parasiten

© Ernst Klett Schulbuchverlag GmbH, Stuttgart 1995
Von diesen Vorlagen ist die Vervielfältigung für den eigenen Unterrichtsgebrauch gestattet. Die Kopiergebühren sind abgegolten.

Großer Leberegel II

122

Beschrifte die Abbildung und gib den Wirts- und Generationswechsel mit Hilfe der Kästchen an.

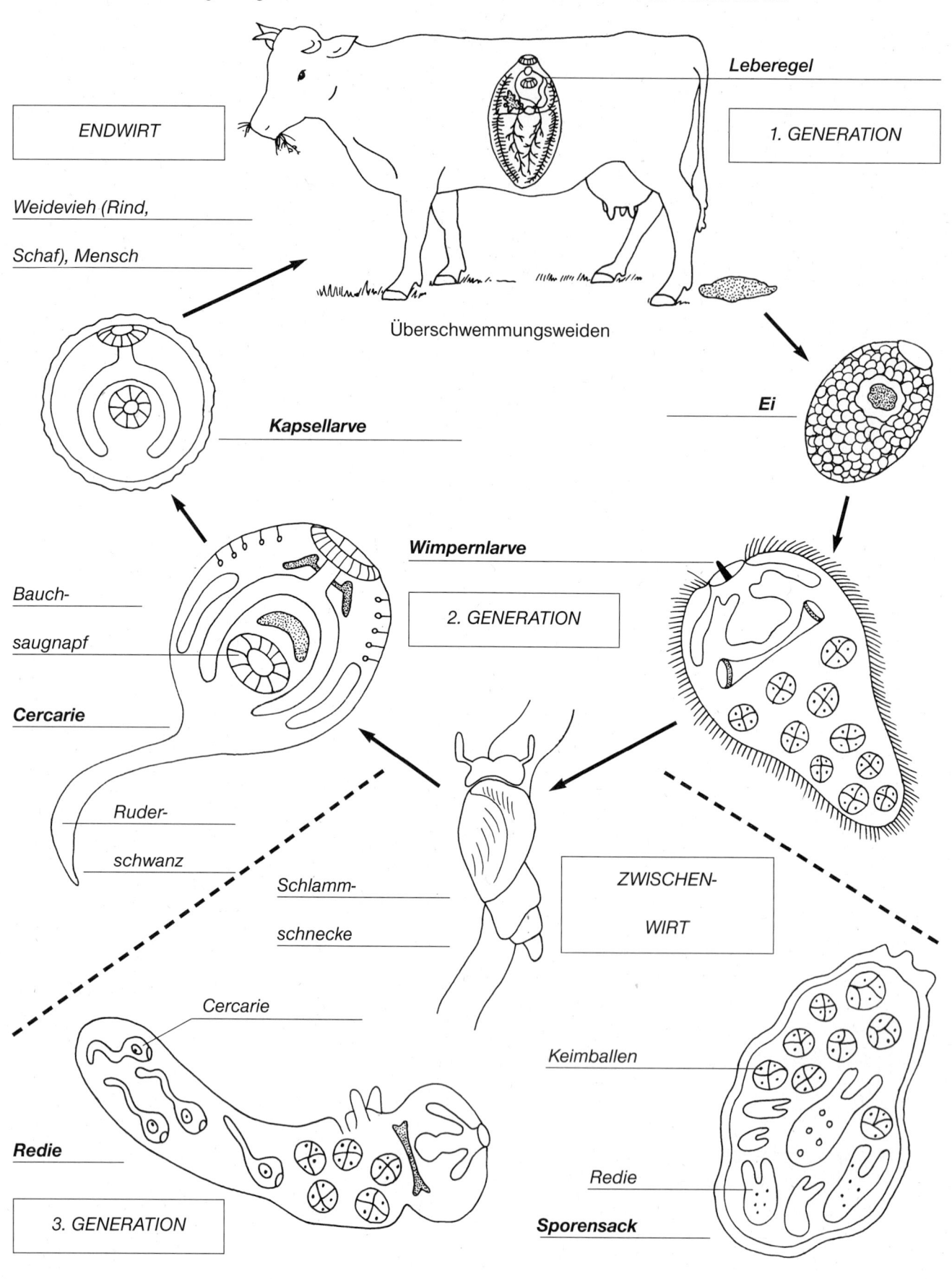

Leberegel

ENDWIRT

1. GENERATION

Weidevieh (Rind, Schaf), Mensch

Überschwemmungsweiden

Ei

Kapsellarve

Wimpernlarve

2. GENERATION

Bauch-saugnapf

Cercarie

Ruder-schwanz

Schlamm-schnecke

ZWISCHEN-WIRT

Cercarie

Keimballen

Redie

Redie

3. GENERATION

Sporensack

Arbeitsblätter Biologie: Bakterien, Pilze, Viren und Parasiten

Klett

© Ernst Klett Schulbuchverlag GmbH, Stuttgart 1995
ISBN 3-12-031020-4
Von diesen Vorlagen ist die Vervielfältigung für den eigenen Unterrichtsgebrauch gestattet. Die Kopiergebühren sind abgegolten.

Großer Leberegel II

Beschrifte die Abbildung und gib den Wirts- und Generationswechsel mit Hilfe der Kästchen an.

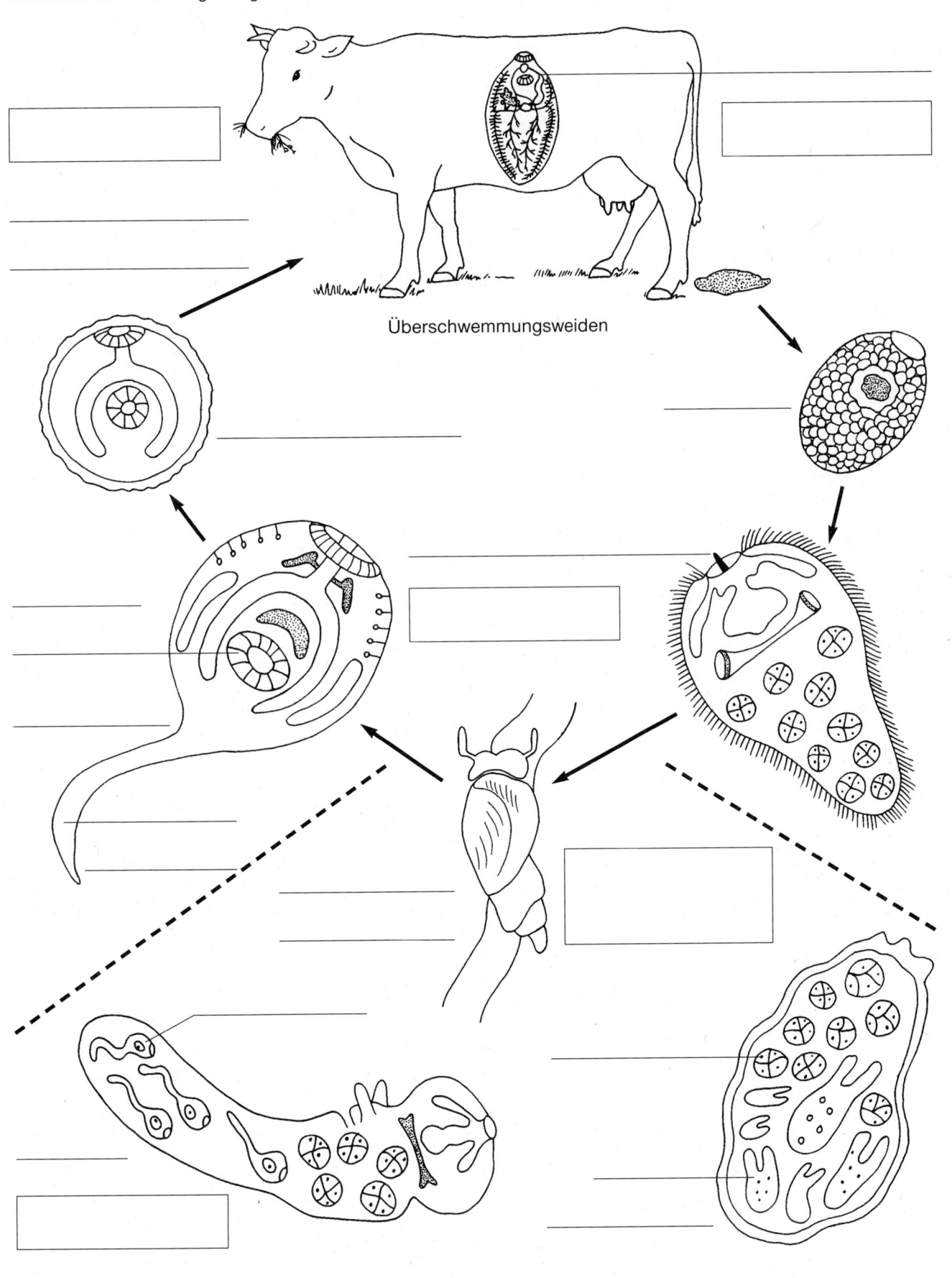

Überschwemmungsweiden

Parasitenquartett (1)

Male die Abbildungen – soweit sinnvoll – möglichst naturgetreu aus. Farbige Vorlagen findest du in deinem Biologiebuch oder in einem Tierlexikon.
Klebe die Blätter auf dünnen Karton und schneide die Karten möglichst genau aus.
Das Spiel wird nach den üblichen Quartettregeln gespielt.
Und nun viel Spaß!
Später kannst du dein Quartett noch um weitere Beispiele erweitern (Frage deinen Lehrer!).

1a ENDOPARASITEN I

HUNDEBANDWURM
Der 4 mm große Zwerg kann zu Tausenden in Hund und Fuchs leben. Seine Eier sind für uns infektiös. Die Finnen dieses Plattwurmes wachsen beim infizierten Menschen nach Jahren zu Apfelsinengröße heran.

a **Hundebandwurm** b Rinderbandwurm
c Großer Leberegel d Trichine

1b ENDOPARASITEN I

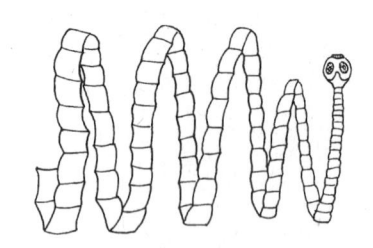

RINDERBANDWURM
10 m langer Innenparasit des Menschen und anderer „Rohfleischfresser". Das Rind nimmt beim Weidegang von mit Jauche gedüngten Wiesen die Eier auf und wird zum Zwischenwirt. Stamm Plattwürmer.

a Hundebandwurm b **Rinderbandwurm**
c Großer Leberegel d Trichine

1c ENDOPARASITEN I

GROSSER LEBEREGEL
Der Plattwurm lebt in Leber und Gallengängen von Weidevieh, manchmal auch Menschen. Die komplizierte Entwicklung verläuft über einen Wirts- und Generationswechsel.

a Hundebandwurm b Rinderbandwurm
c **Großer Leberegel** d Trichine

1d ENDOPARASITEN I

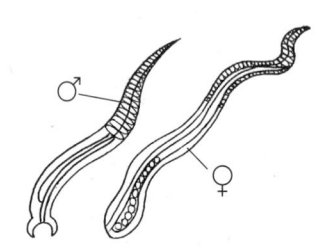

TRICHINE
Als Muskeltrichinen im Schlachtvieh. Nur bei mangelnder Fleischbeschau gelangen sie in unseren Darm. Mit dem Blut setzen sich die Schlauchwürmer in unserer Muskulatur fest (Trichinose).

a Hundebandwurm b Rinderbandwurm
c Großer Leberegel d **Trichine**

2a ENDOPARASITEN II

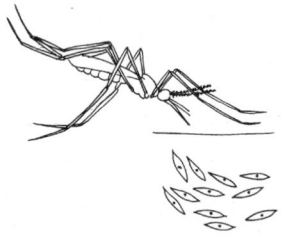

MALARIAERREGER
In warmen/tropischen Ländern überträgt die Anophelesmücke (Fiebermücke) den Erreger (Plasmodium) der verschiedenen Malariaerkrankungen (Sumpf-/Wechselfieber). Jährlich erkranken ca. 100 Mio Menschen, 1% stirbt daran.

a **Malariaerreger** b Pärchenegel
c Trypanosomen c Madenwurm

2b ENDOPARASITEN II

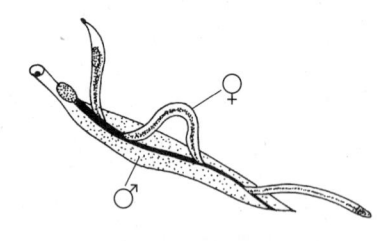

PÄRCHENEGEL
Der erwachsene Saugwurm lebt in Leber- und Darmvenen des Menschen. Wimperlarven werden ausgeschieden und befallen Wasserschnecken. Schlüpfende Schwanzlarven bohren sich in die Haut des Menschen ein.

a Malariaerreger b **Pärchenegel**
c Trypanosomen c Madenwurm

2c ENDOPARASITEN II

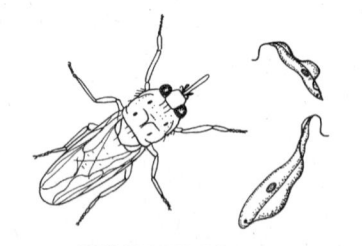

TRYPANOSOMEN
Das Geißeltierchen wird durch den Stich der Tsetsefliege übertragen. Erreichen die Erreger das Nervensystem, so endet die „Schlafkrankheit" meist tödlich. Auch Wild- und vor allem viele Nutztiere werden befallen und getötet.

a Malariaerreger b Pärchenegel
c **Trypanosomen** c Madenwurm

2d ENDOPARASITEN II

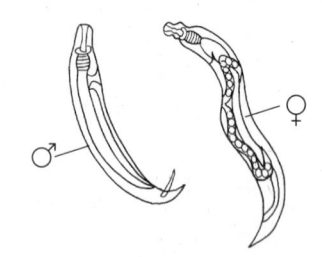

MADENWURM
Der 10 mm lange Maden- oder Springwurm gehört zu den Spulwürmern und wird besonders Kindern lästig. Nachts legt er rund 15.000 Eier um den After herum. Der Juckreiz führt zu einer direkten Fingerinfektion und Übertragung.

a Malariaerreger b Pärchenegel
c Trypanosomen c **Madenwurm**

Arbeitsblätter Biologie: Bakterien, Pilze, Viren und Parasiten

Klett

© Ernst Klett Schulbuchverlag GmbH, Stuttgart 1995
ISBN 3-12-031020-4
Von diesen Vorlagen ist die Vervielfältigung für den eigenen Unterrichtsgebrauch gestattet. Die Kopiergebühren sind abgegolten.

Parasitenquartett (2)

3a EKTOPARASITEN I

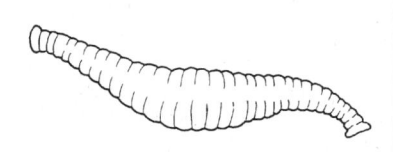

MEDIZINISCHER BLUTEGEL

Früher häufig vom Arzt beim Patienten zum Aderlaß eingesetzt. Der Gliederwurm kann das Sechsfache seines Gewichts an Blut aufnehmen und steht im Verdacht, auch HIViren zu übertragen.

a **med. Blutegel**   b Kopflaus
c Bettwanze   d Menschenfloh

3b EKTOPARASITEN I

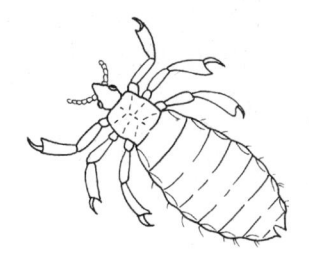

KOPFLAUS

Das 4 bis 6 mm lange Insekt hält sich mit seinen Klammerbeinen an den Kopfhaaren fest und saugt mit seinem Stechrüssel Blut. Die Nissen (Eier) klebt es sehr fest an die Haare.

a med. Blutegel   b **Kopflaus**
c Bettwanze   d Menschenfloh

3c EKTOPARASITEN I

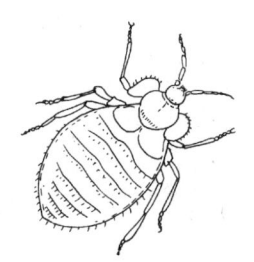

BETTWANZE

Das lästige Insekt ist bei uns durch entsprechende Hygiene selten geworden. Nachts kriecht es aus seinem Versteck und übersät den Schläfer mit stark juckenden Stichen.

a med. Blutegel   b Kopflaus
c **Bettwanze**   d Menschenfloh

3d EKTOPARASITEN I

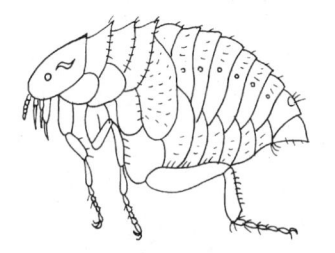

MENSCHENFLOH

Mit gut 40 cm weiten Sprüngen kann sich das seitlich abgeplattete Insekt in Sicherheit bringen oder zur Tat schreiten: Stichfolgen wie mit der Nähmaschine! Ist in seiner Verbreitung wieder auf dem Vormarsch.

a med. Blutegel   b Kopflaus
c Bettwanze   d **Menschenfloh**

4a EKTOPARASITEN II

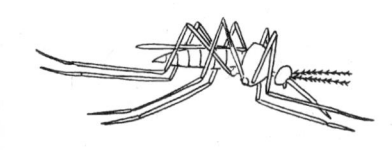

STECHMÜCKE

Die Männchen leben von Pflanzensäften; die Weibchen saugen bei allen Warmblütern zur Entwicklung ihrer Eier. Die Entwicklung erfolgt im stehenden Gewässer. Auch die Larven und Puppen sind für viele Tiere Nahrungsgrundlage.

a **Stechmücke**   b Rinderbremse
c Krätzmilbe   d Zecke

4b EKTOPARASITEN II

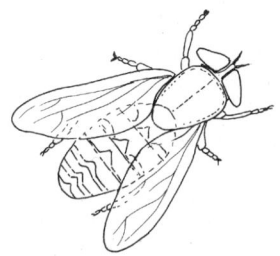

RINDERBREMSE

Das zweiflügelige Insekt ist an warmen Tagen ein wahrer Quälgeist aller Warmblüter. Seine Stiche hinterlassen häufig stark schmerzende Quaddeln und Wunden.

a Stechmücke   b **Rinderbremse**
c Krätzmilbe   d Zecke

4c EKTOPARASITEN II

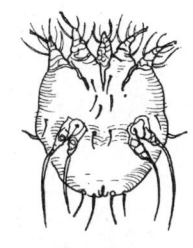

KRÄTZMILBE

Das nur 0,4 mm große weibliche Spinnentier gräbt sich mit seinen 8 Beinen in die oberen Hautschichten ein und gräbt lange Gänge in die es auch seine Eier legt. Die Milbe kann 1 Monat alt werden und legt täglich 2 bis 3 Eier.

a Stechmücke   b Rinderbremse
c **Krätzmilbe**   d Zecke

4d EKTOPARASITEN II

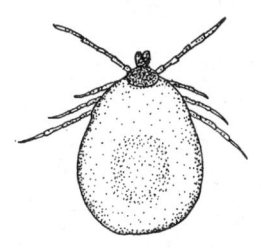

ZECKE/HOLZBOCK

Das häufige Spinnentier läßt sich auf alle Warmblüter fallen und gräbt seinen Saugrüssel tief in die Haut ein. Viren (Hirnhautentzündung) oder Bakterien (Borreliose) können übertragen werden.

a Stechmücke   b Rinderbremse
c Krätzmilbe   d **Zecke**

Vorlagen für weitere Karten:

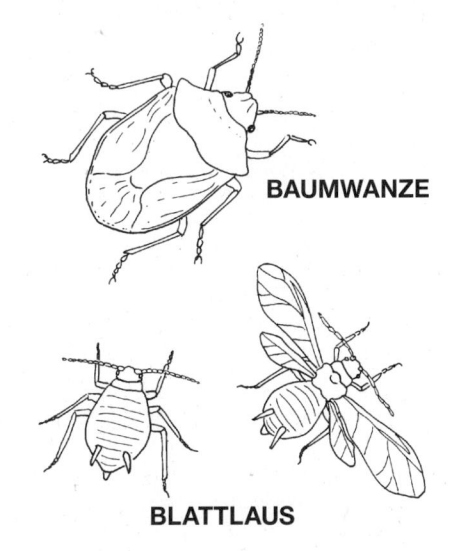

BAUMWANZE

BLATTLAUS

Arbeitsblätter Biologie: Bakterien, Pilze, Viren und Parasiten   Klett

Parasitenquartett (3)

5a PILZE — MUTTERKORN
Der Schlauchpilz wächst als Mutterkorn im Getreide. Wird es mit dem Korn vermahlen, so ist das Mehl extrem giftig. Aus dem Mutterkorn wachsen die eigentlichen Fruchtkörper, deren Sporen wieder Roggenblüten befallen.

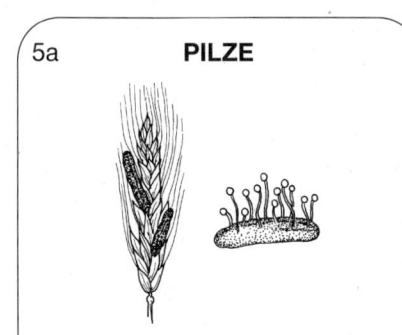

a **Mutterkorn**   b Fußpilz
c Schwarzrost   d Schimmelpilz

5b PILZE — FUSSPILZ
Die Sporen aus Schwimmbädern und Turnhallen befallen Zehzwischenräume, Finger oder Genitalien. In Hautritzen und Wunden mit schweißigem, feuchtem Klima wächst der Pilz prächtig; die Sporen sind monatelang infektionsfähig.

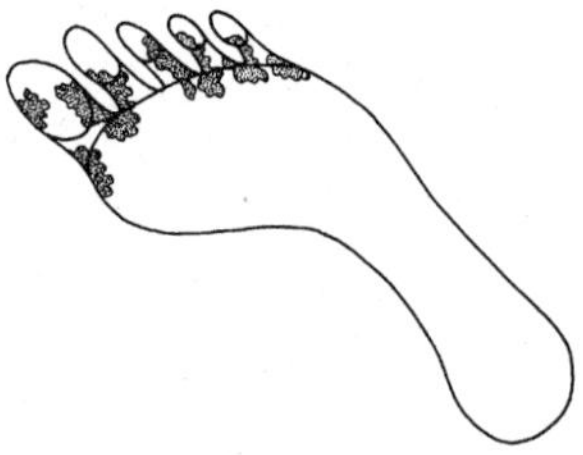

a Mutterkorn   b **Fußpilz**
c Schwarzrost   d Schimmelpilz

5c PILZE — SCHWARZROST
Er macht einen Wirtswechsel zwischen dem Endwirt Gras, insbesondere Getreide und dem Zwischenwirt Berberitze durch. Getreidepflanzen verkümmern und bilden kaum Korn; hohe Ernteausfälle können die Folge sein.

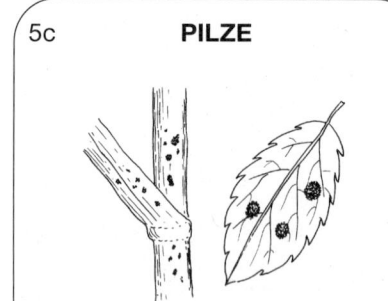

a Mutterkorn   b Fußpilz
c **Schwarzrost**   d Schimmelpilz

5d PILZE — SCHIMMELPILZ
Eigentlich sitzt er auf Brot, Marmelade und Früchten, denn er ist ein Saprophyt (Fäulnisbewohner). Defekte Haut kann er infizieren und schädigen; so muß bei Verbrennungen Keimfreiheit herrschen.

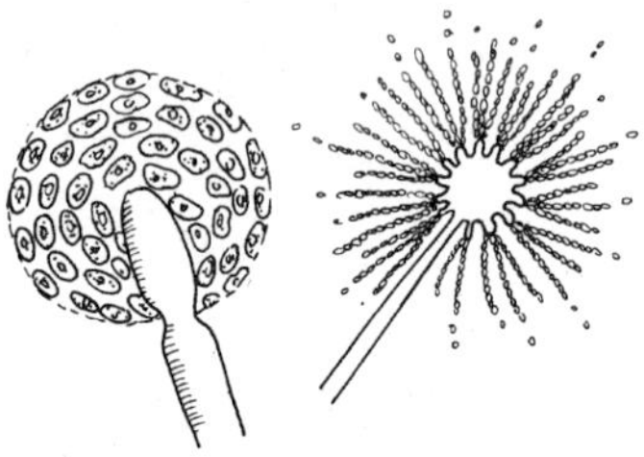

a Mutterkorn   b Fußpilz
c Schwarzrost   d **Schimmelpilz**

6a BAKTERIEN — SCHWARZER TOD
Rattenflöhe übertragen das Bakterium (Yersinia pestis) von Ratten auf den Mensch. Aus der Beulenpest entwickelt sich schnell die Lungenpest (Tröpfcheninfektion). Millionen Tote bei pandemischen Wellen.

a **Schwarzer Tod**   b Cholera
c Wundstarrkrampf   d Gonorrhö

6b BAKTERIEN — CHOLERA
Die Vibrionen werden durch verunreinigtes Trinkwasser sowie direkt als Schmutzinfektion übertragen. Der extreme Brechdurchfall führt unbehandelt innerhalb von 24 Stunden zum Tod. Endemisch u.a. in Indien und Pakistan.

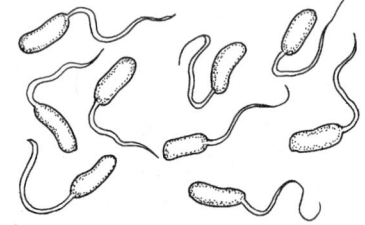

a Schwarzer Tod   b **Cholera**
c Wundstarrkrampf   d Gonorrhö

6c BAKTERIEN — WUNDSTARRKRAMPF
Der Wundstarrkrampf (Tetanus) führt unbehandelt durch eine Blutvergiftung (Sepsis) zum Tode. Das Bakterium produziert eines der stärksten Gifte. Eine ausreichende Immunisierung schützt wirkungsvoll.

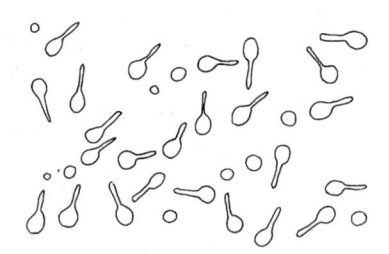

a Schwarzer Tod   b Cholera
c **Wundstarrkrampf**   d Gonorrhö

6d BAKTERIEN — GONORRHÖ
Durch Gonokokken wird Gonorrhö oder Tripper ausgelöst und fast nur bei ungeschütztem Geschlechtsverkehr übertragen. Die Behandlung ist stets erfolgreich, wenn die ersten Symptome erkannt werden.

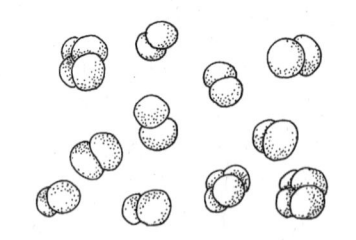

a Schwarzer Tod   b Cholera
c Wundstarrkrampf   d **Gonorrhö**

Vorlagen für weitere Karten:

STUBENFLIEGE

RAUBWANZE

Arbeitsblätter Biologie: Bakterien, Pilze, Viren und Parasiten   Klett

© Ernst Klett Schulbuchverlag GmbH, Stuttgart 1995
ISBN 3-12-031020-4
Von diesen Vorlagen ist die Vervielfältigung für den eigenen Unterrichtsgebrauch gestattet. Die Kopiergebühren sind abgegolten.

Parasitenquartett (4)

7a VIREN I

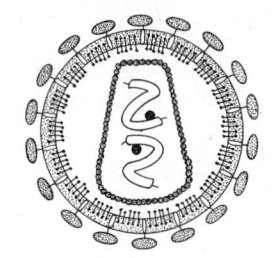

AIDS
Meistens wird der Erreger (HIV) durch ungeschützten Geschlechtsverkehr übertragen. Der Befall des Immunsystems macht eine Heilung oder Schutzimpfung derzeit unmöglich

a **AIDS**   b Herpes
c Grippe   d Kinderlähmung

7b VIREN I

HERPES
Herpes simplex I verursacht die verbreiteten Lippen- oder Fieberbläschen. Herpes zoster (= Windpockenerreger) verursacht die Gürtelrose, einen schmerzhaften Befall von Oberflächennerven.

a AIDS   b **Herpes**
c Grippe   d Kinderlähmung

7c VIREN I

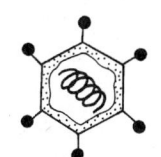

GRIPPE
Die schnelle Wandelbarkeit der Erreger (Influenza- und Adenoviren) hält unser Immunsystem in Schwung. Schutzimpfungen wirken nur gegen bekannte Varietäten, aber jedes Jahr gibt es neue Formen.

a AIDS   b Herpes
c **Grippe**   d Kinderlähmung

7d VIREN I

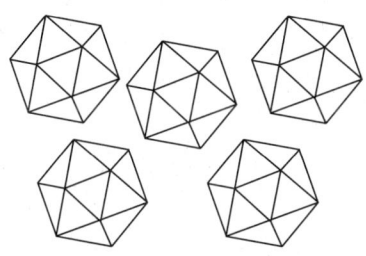

KINDERLÄHMUNG
Polio(myelitis) ist seit 3500 Jahren bekannt. Mit der 3fachen Schluckimpfung und einer Impfquote von 70% wird die Erkrankung in Europa selten bleiben.

a AIDS   b Herpes
c Grippe   d **Kinderlähmung**

8a VIREN II

POCKEN
Ali Maolin (Somalia) war 1977 der bislang letzte Mensch, der natürlich an Pocken erkrankte. Die WHO hat die Krankheit als ausgestorben erklärt (von Laborunfällen abgesehen).

a **Pocken**   b Tollwut
c MKS   d Bakteriophagen

8b VIREN II

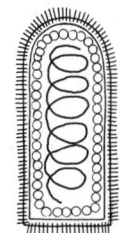

TOLLWUT
Manchmal ist der Mensch davon betroffen, meist sind es aber die Füchse. Ihnen stellte man lange erbarmungslos nach – nun bekommen sie mit Erfolg Köder als Schluckimpfung.

a Pocken   b **Tollwut**
c MKS   d Bakteriophagen

8c VIREN II

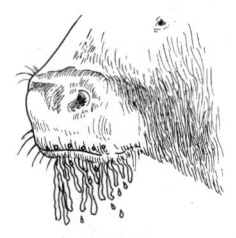

MKS
Maul- und Klauenseuche ist leicht übertragbar und damit meist epidemisch verbreitet unter Rindern, Schafen, Schweinen und Ziegen. In den Bläschen (Aphthen) der Tiere sammeln sich Millionen hoch infektiöser Viren.

a Pocken   b Tollwut
c **MKS**   d Bakteriophagen

8d VIREN II

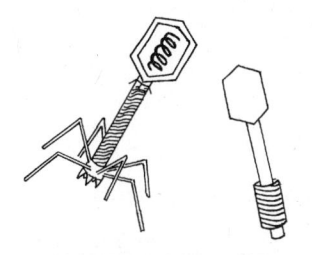

BAKTERIOPHAGEN
Sie sind die Räuber unter den Viren. Sie befallen hochspezifisch Bakterien, vermehren sich in ihnen und zerstören sie, um dann erneut Bakterien zu befallen. Für den Menschen sind sie ungefährlich.

a Pocken   b Tollwut
c MKS   d **Bakteriophagen**

Vorlagen für weitere Karten:

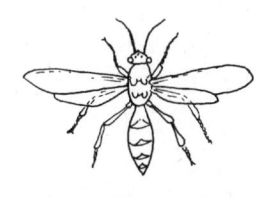

SCHLUPFWESPE

SPULWURM

Arbeitsblätter Biologie: Bakterien, Pilze, Viren und Parasiten   Klett

© Ernst Klett Schulbuchverlag GmbH, Stuttgart 1995   ISBN 3-12-031020-4
Von diesen Vorlagen ist die Vervielfältigung für den eigenen Unterrichtsgebrauch gestattet. Die Kopiergebühren sind abgegolten.

Lernhilfe – Themenkartei

Sicher ist dir schon aufgefallen, daß im jeweiligen unterrichtlichen Thema recht viele Fachbegriffe der Naturwissenschaften angesprochen und gebraucht werden. Bei vielen Fragen in der Nacharbeit deiner Biologiestunden hilft dir dein Biologiebuch oder ein Fachlexikon weiter. Häufig lernt man aber am besten, wenn man sich intensiv mit solchen Begriffen und Definitionen auseinandersetzt. Hilfreich hat sich dabei oft die Erstellung eines kleinen eigenen Lexikons bewährt, das nach Bedarf, Zeit und Interesse immer wieder erweitert werden kann und dir garantiert über viele Jahre hilfreich zur Seite steht.

Dazu kannst du ein herkömmliches Karteikartensystem im Kasten verwenden. Vielleicht hast du einen Computer mit einem Karteikartenprogramm, der nimmt dir dann auch noch das alphabetische oder nach Oberbegriffen eingeteilte Sortieren ab.

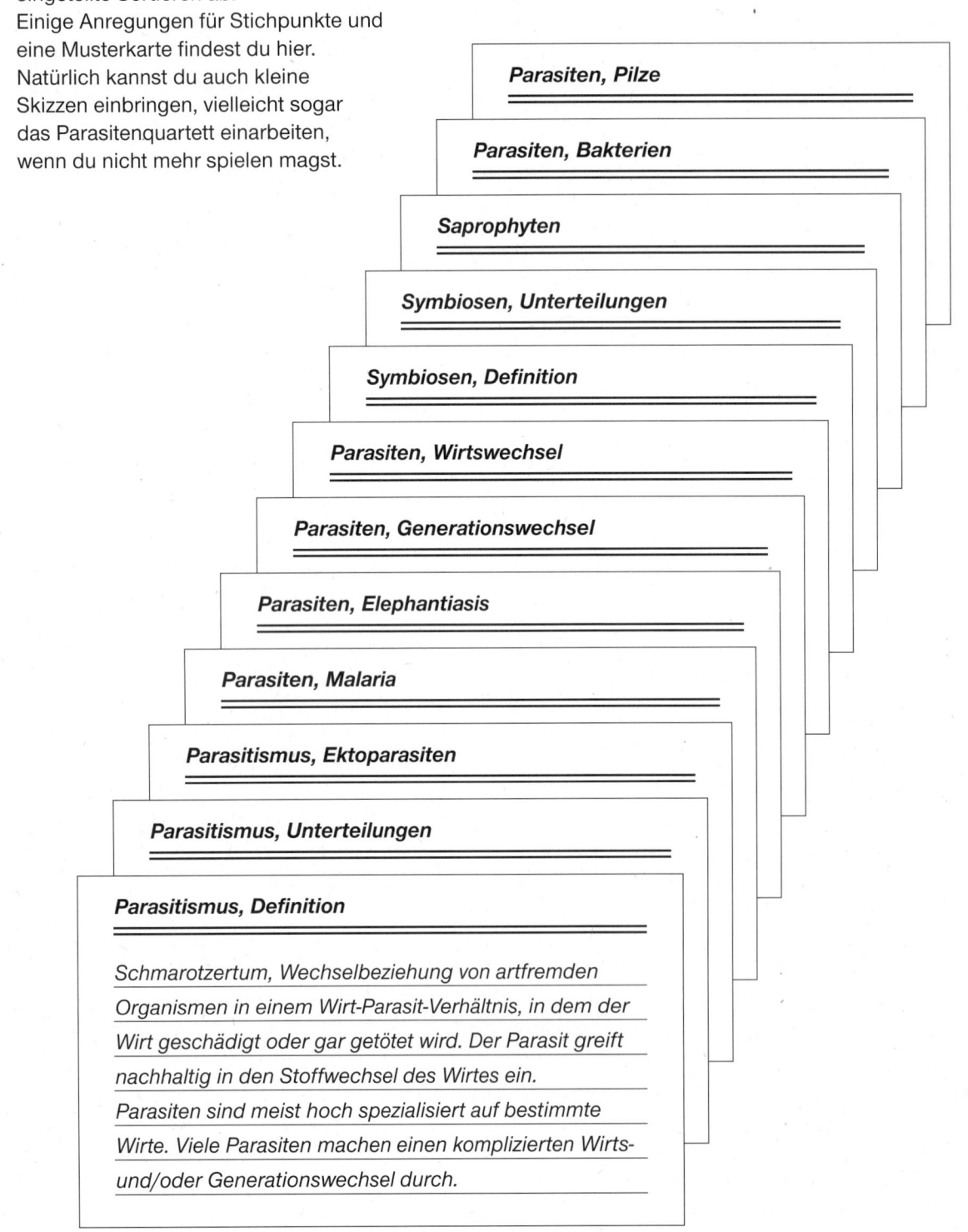

Einige Anregungen für Stichpunkte und eine Musterkarte findest du hier. Natürlich kannst du auch kleine Skizzen einbringen, vielleicht sogar das Parasitenquartett einarbeiten, wenn du nicht mehr spielen magst.

Parasiten, Pilze

Parasiten, Bakterien

Saprophyten

Symbiosen, Unterteilungen

Symbiosen, Definition

Parasiten, Wirtswechsel

Parasiten, Generationswechsel

Parasiten, Elephantiasis

Parasiten, Malaria

Parasitismus, Ektoparasiten

Parasitismus, Unterteilungen

Parasitismus, Definition

Schmarotzertum, Wechselbeziehung von artfremden Organismen in einem Wirt-Parasit-Verhältnis, in dem der Wirt geschädigt oder gar getötet wird. Der Parasit greift nachhaltig in den Stoffwechsel des Wirtes ein.
Parasiten sind meist hoch spezialisiert auf bestimmte Wirte. Viele Parasiten machen einen komplizierten Wirts- und/oder Generationswechsel durch.

Arbeitsblätter Biologie: Bakterien, Pilze, Viren und Parasiten **Klett**

© Ernst Klett Schulbuchverlag GmbH, Stuttgart 1995 ISBN 3-12-031020-4
Von diesen Vorlagen ist die Vervielfältigung für den eigenen Unterrichtsgebrauch gestattet. Die Kopiergebühren sind abgegolten.